高职高专土建类"十三五"规划教材

安装工程计量与计价

主　编　刘　渊　袁　媛
主　审　袁建新
副主编　黄卓钦　冯　琳
参　编　刘晓满　黄　湧

东南大学出版社
·南京·

内容简介

本书在阐述安装工程计量与计价基本原理、基本方法的同时,依据《全国统一安装工程预算定额》《建设工程工程量清单计价规范》(GB 50500—2013)、《通用安装工程工程量计算规范》(GB 50856—2013)、《四川省建设工程工程量清单计价定额》——2015(通用安装工程)、国家及四川省有关计量与计价文件,包括营改增的有关规定,具有较强的现实性、可操作性、实践性等特点,充分体现理实一体化的教学理念。通过对基础知识的学习、加强识图能力的训练、熟悉定额规则、工程实例逐步由易至难的阶梯性提高的设计,使学生通过学习具备熟练把握理解工程费用的计算方法,理解定额及规范规则,培养工程计量和编制工程造价文件的能力。由于《四川省建设工程工程量清单计价定额》——2015(通用安装工程)与《通用安装工程工程量计算规范》(GB 50856—2013)的项目划分和工程量计算规则非常接近,因此本书重点加强了定额工程量计算规则的阐述,在进行《安装工程工程量清单计价》课程教学过程中可结合《通用安装工程工程量计算规范》(GB 50856—2013)对照比较讲授和学习。

本书适用于高职高专院校建筑工程、工程管理、工程造价、建筑经济与管理等专业的课程教学,也适用于在职职工的岗位培训,还可作为广大建筑工程管理人员自学的参考书籍。

图书在版编目(CIP)数据

安装工程计量与计价 / 刘渊,袁媛主编. — 南京:东南大学出版社,2017.1(2025.1 重印)
 ISBN 978-7-5641-6953-4

Ⅰ.①安… Ⅱ.①刘… ②袁… Ⅲ.①建筑安装工程—工程造价—高等学校—教材 Ⅳ.①TU723.3

中国版本图书馆 CIP 数据核字(2017)第 006247 号

安装工程计量与计价

出版发行	东南大学出版社
社　　址	南京市四牌楼 2 号　邮编:210096
出 版 人	江建中
责任编辑	史建农　戴坚敏
网　　址	http://www.seupress.com
电子邮箱	press@seupress.com
经　　销	全国各地新华书店
印　　刷	常州市武进第三印刷有限公司
开　　本	787mm×1092mm　1/16
印　　张	14.25
字　　数	365 千字
版　　次	2017 年 1 月第 1 版
印　　次	2025 年 1 月第 11 次印刷
书　　号	ISBN 978-7-5641-6953-4
印　　数	16001—17500 册
定　　价	45.00 元

本社图书若有印装质量问题,请直接与营销部联系。电话:025-83791830

前　言

　　《安装工程计量与计价》课程是高职高专安装工程造价专业的一门核心课程。该课程涉及给排水与采暖燃气工程、消防工程、建筑电气安装工程、楼宇智能化工程、通风空调工程等内容，是一门综合性、实践性很强的课程。

　　本书在阐述安装工程计量与计价基本原理、基本方法的同时，依据《全国统一安装工程预算定额》、《建设工程工程量清单计价规范》（GB 50500—2013）、《通用安装工程工程量计算规范》（GB 50856—2013）、《四川省建设工程工程量清单计价定额》——2015（通用安装工程）、国家及四川省有关计量与计价文件，包括营改增的有关规定，通过对基础知识的学习、加强识图能力的训练、熟悉定额规则、工程实例逐步由易至难的阶梯性提高的设计，使学生具备熟练把握理解工程费用的计算方法，理解定额及规范规则，培养工程计量和编制工程造价文件的能力。由于《四川省建设工程工程量清单计价定额》——2015（通用安装工程）与《通用安装工程工程量计算规范》（GB 50856—2013）的项目划分和工程量计算规则非常接近，因此本书重点加强了定额工程量计算规则的阐述，在进行《安装工程工程量清单计价》课程教学过程中可结合《通用安装工程工程量计算规范》（GB 50856—2013）对照比较讲授和学习。

　　本书在编写过程中采用国家最新的计价与计量规范、地区计价定额以及相关政策文件，具有较强的时效性。在工程计量实例的设计上各个安装工程定额章节单独进行设计，同时最后一章则是综合实例分析，可使学习过程实现由点到面、由易到难逐步培训和提高，培养学生的学习兴趣和积极性。案例分析结合具体施工图纸，对如何识读施工图、如何进行项目设置、如何进行工程量的计算以及如何进行工程造价计算等进行了详细的说明，同时也是结合实际工作进行编制。所采用的表格也结合工程实际做法，具有很强的实用性。

　　本书由四川建筑职业技术学院刘渊、上海城建职业学院袁媛主编；四川建筑职业技术学院黄卓钦、成都农业科技职业技术学院冯琳担任副主编；四川建筑职业技术学院刘晓满、黄湧参与了编写。具体编写分工如下：刘渊编写绪论、第六章；袁媛编写第一章；冯琳编写第二章；黄卓钦编写第三章、第四章、第五章；刘晓满编写第七章、第九章；黄湧编写第八章。全书由刘渊统稿，四川建筑职业技术学院袁建新主审并对本书提出了许多宝贵意见，同时也得到了四川省造价工程师管理协会的大力支持和帮助，在此表示衷心的感谢！

本书可作为高职高专院校建筑工程造价专业、工程管理专业、给排水专业、安装工程专业的安装造价课程教材,以及设计单位、建设单位、施工企业、有关院校师生的参考用书,也可作为造价人员考试的参考用书。

由于编者水平有限,书中不足不当之处还望读者提出宝贵意见。

作者

2016 年 10 月

目 录

绪论 ... 1
第一章 安装工程费用组成与计算 ... 3
第一节 安装工程造价计价方式 ... 3
第二节 安装工程造价费用组成 ... 5
第三节 安装工程造价(费用)计算程序 ... 9
第四节 安装工程施工图预算编制方法 ... 13
第五节 安装工程投标价(控制价)编制方法 ... 19
第六节 "营改增"后投标价编制方法 ... 23
单元小结 ... 32
复习思考题 ... 32

第二章 计量与计价依据 ... 33
第一节 通用安装工程计价定额 ... 33
第二节 安装工程量计算规则 ... 39
第三节 通用安装工程工程量计算规范简介(GB 50856—2013) ... 43
第四节 建设工程工程量清单计价规范简介(GB 50500—2013) ... 44
单元小结 ... 49
复习思考题 ... 49

第三章 给排水、采暖、燃气工程量计算 ... 50
第一节 给排水、采暖、燃气工程基础知识 ... 50
第二节 给排水、采暖、燃气工程量计算 ... 57
第三节 给排水、采暖、燃气工程量计算实例 ... 64
单元小结 ... 66
复习思考题 ... 66

第四章 消防工程量计算 ... 68
第一节 消防工程基础知识 ... 68
第二节 消防工程量计算 ... 73
第三节 消防工程量计算实例 ... 78
单元小结 ... 80
复习思考题 ... 80

第五章 通风空调工程量计算 ... 82
第一节 通风空调工程基础知识 ... 82

第二节　通风空调工程量计算 ………………………………………………………… 88
　　第三节　通风空调工程工程量计算实例 ………………………………………………… 95
　　单元小结 …………………………………………………………………………………… 98
　　复习思考题 ………………………………………………………………………………… 98

第六章　电气安装工程量计算 …………………………………………………………… 100
　　第一节　建筑电气工程基础知识 ………………………………………………………… 100
　　第二节　电气安装工程量计算 …………………………………………………………… 108
　　第三节　工程量计算实例 ………………………………………………………………… 127
　　单元小结 …………………………………………………………………………………… 134
　　复习思考题 ………………………………………………………………………………… 134

第七章　建筑智能工程工程量计算 ……………………………………………………… 136
　　第一节　建筑智能工程基础知识 ………………………………………………………… 136
　　第二节　建筑智能工程工程量计算 ……………………………………………………… 141
　　第三节　建筑智能工程计算实例 ………………………………………………………… 145
　　单元小结 …………………………………………………………………………………… 147
　　复习思考题 ………………………………………………………………………………… 147

第八章　刷油、防腐蚀、绝热工程工程量计算 ………………………………………… 148
　　第一节　基础知识 ………………………………………………………………………… 148
　　第二节　刷油、防腐蚀、绝热工程量计算 ……………………………………………… 149
　　第三节　工程量计算实例 ………………………………………………………………… 153
　　单元小结 …………………………………………………………………………………… 159
　　复习思考题 ………………………………………………………………………………… 159

第九章　综合实例 …………………………………………………………………………… 160
　　第一节　建筑安装工程实例工程量计算 ………………………………………………… 160
　　第二节　建筑安装工程招标控制价编制 ………………………………………………… 177
　　第三节　建筑安装工程竣工结算编制 …………………………………………………… 197

参考文献 ……………………………………………………………………………………… 222

绪 论

一、安装工程计量与计价课程的研究对象和任务

建筑安装产品包括建筑电气设备、给排水与采暖燃气工程、消防工程、通风空调、楼宇智能化安装工程等安装产品。

对于安装工程产品的研究主要从两个角度考虑：一是产品满足用户使用功能方面的需求即"使用价值"，基于此项任务则是通过安装工程施工图设计、工程施工、竣工验收等工作步骤来实现；二是安装产品作为商品交换需要确定其"价格"（价值），对于建筑安装产品价格的确定则需要运用经济学原理和工程造价原理来分析研究单位产品生产成果与生产消耗之间的关系，进而在此基础上研究和分析如何确定产品价格。

因此，安装工程计量与计价是研究安装工程产品生产成果与生产消耗之间的定量关系，以达到合理确定安装工程造价的一门综合性、实践性很强的应用性课程。

二、安装工程计量与计价课程的特点

安装工程产品种类繁多、专业性强，本教材就涉及电气安装工程、消防工程、给排水采暖与燃气工程、供热通风与空调工程、楼宇智能化安装工程等专业。

施工工艺复杂，学习中需要掌握大量的施工知识与方法。

与建筑、装饰、市政等工程存在密切关联。因为安装工程是依附在建筑工程上的，所以还要学习和掌握房屋建筑构造及施工知识与方法。

三、安装工程计量与计价课程的主要学习内容

本课程学习内容主要包括以下方面：

安装工程计价定额应用，包括定额的概念、作用、特性、分类、安装工程定额的组成及应用等。

安装工程量计算，包括建筑电气设备、给排水与采暖燃气工程、消防工程、通风空调、楼宇智能化安装工程等安装工程量计算。

安装工程计价，包括掌握（建标〔2013〕44号）建设工程费用组成内容、安装工程费用计算方法、"营改增"后安装工程费用计算方法。

安装造价文件编制，包括安装工程施工图预算的编制，安装工程招标控制价和投标价的编制，以及"营改增"后上述安装造价文件编制。

安装工程计量与计价是具有完整计价理论与计量方法的一门课程，如何从理论上理解掌

握工程造价编制原理，从实践上掌握工程造价的编制方法，是该门课程的主要学习和实践任务。

学好该门课程必须掌握包括《经济数学》《政治经济学》《市场经济学》《工程经济》《安装工程施工工艺与识图》《安装工程材料》《安装工程施工组织设计》《工程招投标与合同管理》等课程在内的知识与方法。

安装工程计量与计价必须严格按照国家及有关行业主管部门颁发制定的规范以及相关法律法规、政策文件的规定执行，特别是国家强制性的文件规定。

学习安装工程计量与计价以及从事安装工程造价有关工作，一方面必须动手实践进行学习，另一方面必须深入施工现场了解工地、工程实际情况，同时也要深入要素市场了解安装工程材料的市场价格，这样才能编制出准确、合理的安装工程造价文件。

四、安装工程计量与计价课程与毕业生就业的联系

学习与熟练掌握该门课程的专业知识与方法后，就可以到建设单位、施工企业、工程造价咨询企业、招标代理公司、工程公司、工程项目管理公司、工程造价主管部门等单位的造价岗位，从事安装工程招标控制价、投标报价、工程预结算编制工作，就业前景与发展空间都比较好。

五、安装工程计量与计价课程教学要求

讲授和学习该门课程一定要和当地工程造价主管部门所颁发的地区计价定额及计价办法和国家颁发的工程量清单计价规范以及工程量计算规范相结合，才能更好地与实际相结合，同时再结合相关安装工程计量与计价软件应用的配套学习，才能使毕业生尽快适应工作岗位，完成安装工程造价的各项工作。

第一章 安装工程费用组成与计算

> **知识重点**
> 1. 掌握我国确定工程造价的主要计价方式。
> 2. 掌握安装工程造价费用组成的内容。
> 3. 掌握"营改增"后安装工程造价的计算内容。

> **基本要求**
> 1. 掌握"44号文件"规定的安装工程造价的计算方法。
> 2. 掌握"营改增"后安装工程造价的计算方法。

第一节 安装工程造价计价方式

一、计价方式的概念

工程造价计价方式是指根据不同的计价原则、计价依据、造价计算方法、计价目的所确定工程造价的计价方法。

确定工程造价的计价原则包括按市场经济规则计价和按计划经济规则计价两种。

确定工程造价的计价依据主要包括：估价指标、概算指标、概算定额、预算定额、企业定额、建设工程工程量清单计价规范、人材机单价、利税率、间接费率、设计方案、初步设计、施工图、竣工图和施工方案等。

确定工程造价的主要方法有：建设项目评估、设计概算、施工图预算、工程量清单报价、竣工结算等。

在工程建设的不同阶段，有着不同的计价目的。例如，在建设工程决策阶段，主要确定建设工程的估算造价；在设计阶段，主要确定建设工程的概算造价或预算造价；在工程招标投标阶段，主要确定建设工程的承发包价格；在竣工验收阶段，主要确定建设工程的结算价格。

二、我国确定工程造价的主要计价方式

新中国成立初期，我国引进和沿用了苏联建筑工程定额计价方式，该方式是计划经济体制下的产物。

20世纪70年代末,我国开始加强了工程造价的管理工作,要求工程建设的定价严格按政府主管部门颁发的定额和价格计算工程造价,简称定额计价。这一做法,具有典型的计划经济特征。

随着我国改革开放的不断深入,以及建立社会主义市场经济体制要求的提出,定额计价方式进行了一些变革。例如,政府主管部门定期调整预算定额的人工费,变计划利润为竞争利润等。随着社会主义市场经济的进一步发展,政府主管部门又提出了用"量价分离"的方法来确定工程造价。应该指出,上述做法只是一些小改小革,没有从根本上改变计划价格的性质,基本上属于定额计价的范畴。

2003年7月1日,国家颁发了《建设工程工程量清单计价规范》,在建设工程招标投标中实施了工程量清单计价,简称清单计价。这时工程造价的确定真正体现了市场经济规律的要求。

三、计价方式的分类

1. 按经济体制分类

(1) 计划经济体制下的计价方式

计划经济体制下的计价方式是指以国家行政主管部门统一颁发的概算指标、概算定额、预算定额、费用定额等为依据,按照国家行政主管部门规定的计算程序、取费项目和计算方法确定工程造价的计价方法。

(2) 市场经济体制下的计价方式

市场经济的重要特征是具有竞争性。当建筑工程标的物及有关条件明确后,通过公开竞价来确定工程造价和承包商,这种方式符合市场经济的基本规律。根据建设工程工程量清单计价规范及工程量计算规范,采用清单计价方式,通过招标投标来确定工程造价,体现了市场经济规律的基本要求。因此,工程量清单计价是较典型的市场经济体制下的计价方式。

2. 按编制依据分类

(1) 定额计价方式

采用国家行政主管部门统一颁发的定额和计算程序及人材机指导价确定工程造价的计价模式。

(2) 清单计价方式

按照建设工程工程量清单计价规范及工程量计算规范,根据招标文件发布的工程量清单和企业自身的条件,自主选择消耗量定额、人材机单价和有关费率,确定工程造价的计价模式。

四、计价类型简述

1. 定额计价类型

定额计价类型主要有通过编制施工图预算的方式来确定工程预算造价、签约合同价、工程变更价、竣工结算造价等。

2. 工程量清单计价类型

工程量清单计价类型主要有招标控制价、投标价、签约合同价、工程变更价、竣工结算价等。

第二节　安装工程造价费用组成

一、我国建筑安装工程费用组成历史沿革

1. 1955年建筑安装工程费用组成规定

1955年，国家建委颁发《工业与民用建设预算编制暂行细则》规定，建筑安装工程预算费用包括直接费用、间接费用、计划利润和税金。

2. 1966年至1972年的"经常费"制度

"经常费"制度是"文革"期间，国家对建筑安装企业实行的一种特殊财务制度。这项管理制度，从1966年开始，到1972年底结束，实行了七年。

3. 1973年至1984年工程造价费用组成

我国取消"经常费"制度后，开始恢复工程预算造价的费用组成项目。其费用由直接费、间接费、法定利润组成。

4. 1985年颁发的建筑安装工程费用组成规定

国家计委、中国人民建设银行1985年颁发《关于建筑安装工程费用项目划分暂行规定》（计标〔1985〕352号）文件规定建筑安装工程费用项目由直接费、间接费、法定利润组成。

5. 1989年颁发的建筑安装工程费用组成规定

中国建设银行1989年颁发《建筑安装工程费用项目组成》（〔1989〕建标字第248号）文件规定建筑安装工程费用项目由直接费、间接费、计划利润和税金组成。

6. 2003年颁发的建筑安装工程费用组成规定

建设部、财政部2003年颁发《建筑安装工程费用项目组成》（建标〔2003〕206号）文件规定建筑安装工程费用项目由直接费、间接费、利润和税金组成。

7. 2013年颁发的建筑安装工程费用组成规定

住房和城乡建设部、财政部2013年颁发《建筑安装工程费用项目组成》（建标〔2013〕44号）文件规定建筑安装工程费用项目由分部分项工程费、措施项目费、其他项目费、规费和税金组成。

二、现行费用建筑安装工程费用构成简介

2013年后，建筑安装工程费用是按建标〔2013〕44号文件规定的项目内容构成。该文件规定了按费用构成要素划分和按造价形成划分两种费用划分方式，本书只介绍按费用构成要素划分。

建筑安装工程费按照费用构成要素划分由人工费、材料（包含工程设备，下同）费、施工机具使用费、企业管理费、利润、规费和税金组成。其中人工费、材料费、施工机具使用费、企业管

理费和利润包含在分部分项工程费、措施项目费、其他项目费中。

1. 人工费

是指按工资总额构成规定,支付给从事建筑安装工程施工的生产工人和附属生产单位工人的各项费用。内容包括:

(1) 计时工资或计件工资

是指按计时工资标准和工作时间或对已做工作按计件单价支付给个人的劳动报酬。

(2) 奖金

是指对超额劳动和增收节支支付给个人的劳动报酬。如节约奖、劳动竞赛奖等。

(3) 津贴补贴

是指为了补偿职工特殊或额外的劳动消耗和因其他特殊原因支付给个人的津贴,以及为了保证职工工资水平不受物价影响而支付给个人的物价补贴。如流动施工津贴、特殊地区施工津贴、高温(寒)作业临时津贴、高空津贴等。

(4) 加班加点工资

是指按规定支付的在法定节假日工作的加班工资和在法定日工作时间外延时工作的加点工资。

(5) 特殊情况下支付的工资

是指根据国家法律、法规和政策规定,因病、工伤、产假、计划生育假、婚丧假、事假、探亲假、定期休假、停工学习、执行国家或社会义务等原因按计时工资标准或计时工资标准的一定比例支付的工资。

2. 材料费

是指施工过程中耗费的原材料、辅助材料、构配件、零件、半成品或成品、工程设备的费用。内容包括:

(1) 材料原价

是指材料、工程设备的出厂价格或商家供应价格。

(2) 运杂费

是指材料、工程设备自来源地运至工地仓库或指定堆放地点所发生的全部费用。

(3) 运输损耗费

是指材料在运输装卸过程中不可避免的损耗。

(4) 采购及保管费

是指为组织采购、供应和保管材料、工程设备的过程中所需要的各项费用。包括采购费、仓储费、工地保管费、仓储损耗。

工程设备是指构成或计划构成永久工程一部分的机电设备、金属结构设备、仪器装置及其他类似的设备和装置。

3. 施工机具使用费

是指施工作业所发生的施工机械、仪器仪表使用费或其租赁费。

(1) 施工机械使用费

以施工机械台班耗用量乘以施工机械台班单价表示,施工机械台班单价应由下列七项费用组成:

① 折旧费。指施工机械在规定的使用年限内,陆续收回其原值的费用。

② 大修理费。指施工机械按规定的大修理间隔台班进行必要的大修理，以恢复其正常功能所需的费用。

③ 经常修理费。指施工机械除大修理以外的各级保养和临时故障排除所需的费用。包括为保障机械正常运转所需替换设备与随机配备工具附具的摊销和维护费用，机械运转中日常保养所需润滑与擦拭的材料费用，以及机械停滞期间的维护和保养费用等。

④ 安拆费及场外运费。安拆费指施工机械（大型机械除外）在现场进行安装与拆卸所需的人工、材料、机械和试运转费用以及机械辅助设施的折旧、搭设、拆除等费用；场外运费指施工机械整体或分体自停放地点运至施工现场或由一施工地点运至另一施工地点的运输、装卸、辅助材料及架线等费用。

⑤ 人工费。指机上司机（司炉）和其他操作人员的人工费。

⑥ 燃料动力费。指施工机械在运转作业中所消耗的各种燃料及水、电费用等。

⑦ 税费。指施工机械按照国家规定应缴纳的车船使用税、保险费及年检费等。

（2）仪器仪表使用费

是指工程施工所需使用的仪器仪表的摊销及维修费用。

4．企业管理费

是指建筑安装企业组织施工生产和经营管理所需的费用。内容包括：

（1）管理人员工资

是指按规定支付给管理人员的计时工资、奖金、津贴补贴、加班加点工资及特殊情况下支付的工资等。

（2）办公费

是指企业管理办公用的文具、纸张、账表、印刷、邮电、书报、办公软件、现场监控、会议、水电、烧水和集体取暖降温（包括现场临时宿舍取暖降温）等费用。

（3）差旅交通费

是指职工因公出差、调动工作的差旅费、住勤补助费，市内交通费和误餐补助费，职工探亲路费，劳动力招募费，职工退休、退职一次性路费，工伤人员就医路费，工地转移费以及管理部门使用的交通工具的油料、燃料等费用。

（4）固定资产使用费

是指管理和试验部门及附属生产单位使用的属于固定资产的房屋、设备、仪器等的折旧、大修、维修或租赁费。

（5）工具用具使用费

是指企业施工生产和管理使用的不属于固定资产的工具、器具、家具、交通工具和检验、试验、测绘、消防用具等的购置、维修和摊销费。

（6）劳动保险和职工福利费

是指由企业支付的职工退职金、按规定支付给离休干部的经费、集体福利费、夏季防暑降温、冬季取暖补贴、上下班交通补贴等。

（7）劳动保护费

是企业按规定发放的劳动保护用品的支出。如工作服、手套、防暑降温饮料以及在有碍身体健康的环境中施工的保健费用等。

(8) 检验试验费

是指施工企业按照有关标准规定,对建筑以及材料、构件和建筑安装物进行一般鉴定、检查所发生的费用,包括自设试验室进行试验所耗用的材料等费用。不包括新结构、新材料的试验费,对构件做破坏性试验及其他特殊要求检验试验的费用和建设单位委托检测机构进行检测的费用,对此类检测发生的费用,由建设单位在工程建设其他费用中列支。但对施工企业提供的具有合格证明的材料进行检测不合格的,该检测费用由施工企业支付。

(9) 工会经费

是指企业按《工会法》规定的全部职工工资总额比例计提的工会经费。

(10) 职工教育经费

是指按职工工资总额的规定比例计提,企业为职工进行专业技术和职业技能培训,专业技术人员继续教育、职工职业技能鉴定、职业资格认定以及根据需要对职工进行各类文化教育所发生的费用。

(11) 财产保险费

是指施工管理用财产、车辆等的保险费用。

(12) 财务费

是指企业为施工生产筹集资金或提供预付款担保、履约担保、职工工资支付担保等所发生的各种费用。

(13) 税金

是指企业按规定缴纳的房产税、车船使用税、土地使用税、印花税等。

(14) 其他

包括技术转让费、技术开发费、投标费、业务招待费、绿化费、广告费、公证费、法律顾问费、审计费、咨询费、保险费等。

5. 利润

是指施工企业完成所承包工程获得的盈利。

6. 规费

是指按国家法律、法规规定,由省级政府和省级有关权力部门规定必须缴纳或计取的费用。包括:

(1) 社会保险费

① 养老保险费:企业按照规定标准为职工缴纳的基本养老保险费。

② 失业保险费:企业按照规定标准为职工缴纳的失业保险费。

③ 医疗保险费:企业按照规定标准为职工缴纳的基本医疗保险费。

④ 生育保险费:企业按照规定标准为职工缴纳的生育保险费。

⑤ 工伤保险费:企业按照规定标准为职工缴纳的工伤保险费。

(2) 住房公积金

是指企业按规定标准为职工缴纳的住房公积金。

(3) 工程排污费

是指按规定缴纳的施工现场工程排污费。

其他应列而未列入的规费,按实际发生计取。

7. 税金

是指国家税法规定的应计入建筑安装工程造价内的营业税、城市维护建设税、教育费附加以及地方教育附加。

说明：2016年5月1日"营改增"后将营业税改为增值税，将城市维护建设税、教育费附加以及地方教育附加纳入了企业管理费。

第三节 安装工程造价（费用）计算程序

一、概述

工程造价（费用）计算程序是指根据商品经济规律和国家法律法规及有关规定，计算建筑安装产品造价有规律的步骤。

1. 工程造价费用计算程序的三要素

费用项目、计算基础、费率是工程造价费用计算程序的三要素。

2. 费用项目

费用项目要按照国家有关规定确定。每一个时期规定的项目都不一样。例如，住建部和财政部共同颁发的计标〔2013〕44号《建筑安装工程费用项目组成》文件，就规定了2013年以后，建筑安装造价就要按此费用划分计算。

2016年5月1日，根据财政部、国家税务总局《关于全面推开营业税改增值税试点的通知》（财税〔2016〕36号）和住房城乡建设部《关于做好建筑业营改增建设工程计价依据调整准备工作的通知》（建办标函〔2016〕4号）文件规定，开始实施"营改增"后的建筑安装造价计算的新费用划分项目。

3. 费用计算基础

工程造价各项费用计算基础一般可以选择三种方法：①以直接费为计算基础；②以人工费为计算基础；③以人工费加机械费之和为计算基础。

安装工程造价的各项费用计算以人工费为计算基础。

4. 费率

当费用项目和计算基础确定后，还要确定对应费用项目的费率。一般情况下，费用项目的费率是由工程造价行政主管部门发文规定。

二、"44号文"规定费用项目的安装工程造价（费用）计算程序

安装工程造价（费用）计算程序包含了费用项目、计算基础与计算顺序。

按"44号文"规定安装工程造价费用计算程序表见表1-1。

表 1-1 按"44 号文"规定的安装工程造价费用计算程序表

序号	费用项目			计算基础	计算式
1	分部分项工程费	人工费			定额直接费=∑(分部分项工程量×定额基价+分部分项工程量未计价材料量×材料单价)
		材料费	计价材料费		
			未计价材料费		
		机械(具)费			
		企业管理费		定额人工费	定额人工费×企业管理费费率
		利润		定额人工费	定额人工费×利润率
2	措施项目费	单价措施项目	人工费		定额直接费=∑(单价措施项目工程量×定额基价)
			材料费		
			机械(具)费		
			企业管理费	单价措施项目定额人工费	单价措施项目定额人工费×企业管理费费率
			利润	单价措施项目定额人工费	单价措施项目定额人工费×利润率
		总价措施	安全文明施工费	分部分项工程定额人工费+单价措施项目定额人工费	(分部分项工程定额人工费+单价措施项目定额人工费)×措施费率
			夜间施工增加费		
			二次搬运费		
			冬雨季施工增加费		
3	其他项目费	总承包服务费		分包工程造价	分包工程造价×费率
		暂列金额		根据施工承包合同约定项目或根据招标工程量清单列出的项目计算	
		暂估价			
		计日工			
4	规费	社会保险费		分部分项工程定额人工费+单价措施项目定额人工费	(分部分项工程定额人工费+单价措施项目定额人工费)×费率
		住房公积金			
		工程排污费			
5	税金	税金		税前造价	税前造价×3.48%(市区)
		其中	城市维护建设税	营业税	营业税×7.0%(市区)
			教育费附加	营业税	营业税×3.0%(市区)
			地方教育附加	营业税	营业税×2.0%(市区)
	工程造价=序1+序2+序3+序4+序5				

三、按"44号文"规定安装工程施工图预算编制程序

按"44号文"规定安装工程施工图预算编制程序包含了安装工程施工图预算的编制依据、编制方法、编制内容、编制顺序等内容，见图1-1。

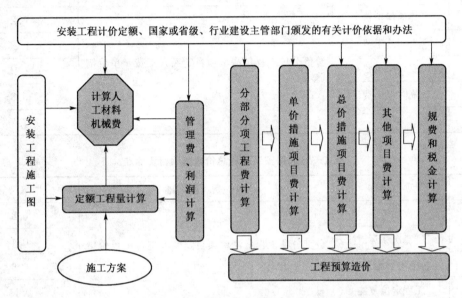

图1-1　按"44号文"规定施工图预算编制程序示意图

四、按"44号文"规定工程量清单投标价（控制价）编制程序

按"44号文"规定工程量清单投标价（控制价）编制程序包含了安装工程投标价和控制价的编制依据、编制方法、编制内容、编制顺序等内容，见图1-2。

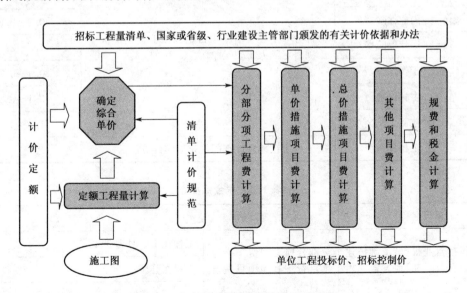

图1-2　投标价、控制价编制程序示意图

五、某地区"44号文"规定费用的费用标准摘录

表1-2 通用安装工程安全文明施工费费率标准（工程在市区）

序号	项目名称	取 费 基 础	费率(%)
1	环境保护费	分部分项工程量清单项目定额人工费＋单价措施项目定额人工费	0.2
2	文明施工费		1.25
3	安全施工费		2.15
4	临时设施费		3.6
	小 计		7.2

表1-3 通用安装工程总价措施项目费标准

序号	项目名称	取 费 基 础	费率(%)
1	夜间施工	分部分项工程量清单项目定额人工费＋单价措施项目定额人工费	0.8
2	二次搬运		0.4
3	冬雨季施工		0.6
4	工程定位复测		0.15

表1-4 通用安装工程规费标准

序号	项目名称	取 费 基 础	费率(%)
1	社会保障费	分部分项工程量清单项目定额人工费＋单价措施项目定额人工费	
1.1	养老保险费		3.8～7.5
1.2	失业保险费		0.3～0.6
1.3	医疗保险费		1.8～2.7
1.4	工伤保险费		0.4～0.7
1.5	生育保险费		0.1～0.2
2	住房公积金		1.3～3.3
3	工程排污费	按工程所在地环保部门规定按实计算	

表1-5 税金标准

项目名称	取 费 基 础	综合费率(%)
税金(包括营业税、城市维护建设税、教育费附加、地方教育附加)	分部分项工程费＋措施项目费＋其他项目费＋规费	工程在市区时为3.43
		工程在县城、镇时为3.37
		工程不在市区、县城、镇时为3.25

第四节　安装工程施工图预算编制方法

一、施工图预算的概念

施工图预算是确定建筑工程预算造价的技术经济文件。简而言之，施工图预算是在修建房子之前，事先算出房子建成需花多少钱的计价方法。因此，施工图预算的主要作用就是确定建筑安装工程预算造价。施工图预算一般在施工图设计阶段、施工招标投标阶段由设计单位或施工单位编制。

二、施工图预算构成要素

1. 工程量

工程量是指依据施工图、预算定额、工程量计算规则计算出来的拟建工程的实物数量。例如，该工程经计算有多少个某一规格的截止阀、多少米某一规格的导线等工程量。

2. 人材机消耗量

人工、材料、机械台班消耗量是指根据分项工程量乘以预算定额子目的定额消耗量汇总而成的数量。例如，一幢办公楼弱电安装工程需要多少个人工、多少米钢管、多少个冲击电钻台班等才能完成安装任务。

3. 定额直接费

直接费是指工程量乘以定额基价后加上主材费汇总而成的费用。定额直接费是该工程工、料、机实物消耗量的货币表现。

安装工程计价定额中的材料费称为"计价材料费"，也叫"辅材费"；定额中的"未计价材料"要计算"未计价材料费"，这项费用也叫"主材费"。

4. 工程费用

工程费用包括企业管理费、利润、措施项目费、其他项目费、规费和税金。除税金外，根据定额人工费，分别乘以不同的费率计算出上述费用。定额直接费、企业管理费、利润、措施项目费、其他项目费、规费和税金之和构成工程预算造价。

施工图预算也可以由分部分项工程费、措施项目费、其他项目费、规费和税金构成。

三、安装工程施工图预算编制示例

1. 编制依据

某图书馆工程在市区，根据该工程安装落地式配电箱有关数据资料（表1-6、表1-7、表1-8）和表1-2、表1-3、表1-4（费率取下限值）、表1-5费用标准，编制图书馆电气设备安装工程施工图预算。另外，在安装槽钢基础前需清理障碍物预计发生0.5个计日工，工日单价150元。

表 1-6 落地式配电箱有关数据

名 称	型 号	规格(mm)	单位	指导单价(元)	数 量
落地式配电箱	GGD/XL	1 700×800×400	台	9 800	2
基础槽钢	10#	100×48×5.3 每米重:10.007 kg	m	4.80	按规定计算

表 1-7 工程量计算规则

项目名称	工程量计算规则	依据来源
落地式配电箱安装	控制设备与低压电器安装均以"台"为计量单位	××省通用安装工程计价定额电气设备安装工程分册 D.4 章
基础槽钢安装	基础槽钢制作安装应执行一遍铁构件制作子目,以产品重量"kg"计算	××省通用安装工程计价定额电气设备安装工程分册 D.13 章

表 1-8 ××省通用安装工程计价定额电气设备安装工程计价定额摘录

D.4.17.2 成套配电箱

工作内容:开箱、检查、安装、查校线、接地

定额编号	项目名称	单位	综合单价(元)	其中				未计价材料		
				人工费	材料费	机械费	综合费	名称	单位	数量
CD0344	落地式配电箱	台	387.70	224.86	33.53	63.08	66.23			
CD0345	悬挂嵌入式配电箱(半周长)≤0.5 m	台	136.69	89.00	27.22	—	20.47			
CD0346	悬挂嵌入式配电箱(半周长)≤1.0 m	台	162.19	106.79	30.84	—	24.56			
CD0347	悬挂嵌入式配电箱(半周长)≤1.5 m	台	201.45	136.46	33.60	—	31.39			
CD0348	悬挂嵌入式配电箱(半周长)≤2.5 m	台	249.48	166.12	36.23	7.25	39.88			

D.13.1 铁构件制作、安装(编码:030413001)

D.13.1.1 一般铁构件制作、安装

工作内容:制作、平直、画线、下料、钻孔、组对、焊接、刷油(喷漆)、安装、补刷油

定额编号	项目名称	单位	综合单价(元)	其中				未计价材料		
				人工费	材料费	机械费	综合费	名称	单位	数量
CD2194	一般铁构件制作	100 kg	1 013.15	640.76	143.63	66.17	162.59	圆钢 φ10~φ14 角钢(综合) 扁钢(综合)	kg kg kg	8.000 75.000 22.000
CD2195	一般铁构件安装	100 kg	600.82	416.50	26.66	50.30	107.36			

2. 根据施工图内容和计价定额确定施工图预算分析工程项目

看了上述编制依据,我们知道该安装工程施工图中有 2 台"GGD/XL 落地配电箱"安装项目,采用 10♯槽钢制作配电箱基础。

查某省通用安装工程计价定额第 4 分册,CD0344 定额编号是落地式配电箱安装定额子目,计量单位为"台"。另外,该分册说明"十五、配电箱未包括基础槽钢制作安装,发生时执行 D.13 章相应子目",查 D.13 章说明"三、基础槽钢应执行本章一般铁构件制作子目",查 CD2194 定额编号、CD2195 定额编号分别是一般铁构件制作与安装定额子目。

因此,根据施工图设计内容与安装工程计价定额的规定与子目内容,采用 10♯槽钢基础安装的 GGD/XL 落地配电箱项目应确定为"落地式配电箱安装""基础槽钢制作"和"基础槽钢安装"3 个分项工程项目计算工程量和各项费用。

3. 计算工程量

(1) 落地式配电箱安装工程量

落地式配电箱安装定额(CD0344)中的计量单位为"台",安装施工图的数量是 2 台,所以落地式配电箱的安装工程量为 2 台。

(2) 基础槽钢制作工程量

基础槽钢制作定额(CD2194)中的计量单位为"kg",所以制作工程量计算单位为"kg";安装施工图中基础槽钢的大样图告诉我们,槽钢是按配电箱底座的四周布置,因此应按底座面的周长并按"kg"计算基础槽钢制作工程量。

$$
\begin{aligned}
配电箱基础槽钢制作工程量 &= 1\,台配电箱底面周长 \times 10\sharp\,槽钢每米重 \times 2\,台 \\
&= (0.80\,\text{m} + 0.40\,\text{m}) \times 2 \times 10.007 \times 2 \\
&= 2.40 \times 10.007 \times 2 \\
&= 48.03\,\text{kg}
\end{aligned}
$$

(3) 基础槽钢安装工程量

查基础槽钢安装定额(CD2195)中的计量单位为"kg",所以安装工程量计算单位为"kg"。安装工程量同制作工程量。

$$配电箱基础槽钢安装工程量 = 48.03\,\text{kg}$$

4. 计算定额直接费和综合费(企业管理费、利润)

根据上述 3 个项目的工程量、安装工程计价定额(表 1-8)和未计价材料单价计算的定额直接费和综合费(企业管理费、利润),见表 1-9。

5. 计算未计价材料费

上述 3 个项目的定额单价中没有包括成套落地式配电箱设备费和槽钢的材料费,因此要根据市场指导价(表 1-6)和工程量计算未计价材料费,见表 1-10。

未计价材料要根据定额规定计算损耗量。查 CD2194 定额的未计价材料消耗量为 105 kg,其定额单位为 100 kg,故钢材制作损耗率为 5%。因此,10♯槽钢的消耗量为 48.03×1.05=50.43 kg。

6. 计算单价措施项目费

由于操作物高度离地面>5 m 的电气安装工程才能计算脚手架搭拆费,所以图书馆工程的落地式配电箱安装不计算单价措施项目费。

表 1-9 图书馆电气设备安装工程定额直接费和综合费计算表

工程名称:图书馆电气安装工程

序号	定额编号	项目名称	单位	工程量	单价					合价				
					综合单价	人工费	材料费	机械费	综合费	小计	人工费	材料费	机械费	综合费
1	CD0344	GGD/XL落地式配电箱安装	台	2	387.70	224.86	33.53	63.08	66.23	775.40	449.72	67.06	126.16	132.46
2	CD2194	10♯基础槽钢制作	kg	48.03	10.13	6.41	1.43	0.66	1.63	486.54	307.87	68.68	31.70	78.29
3	CD2195	10♯基础槽钢制作	kg	48.03	6.01	4.17	0.27	0.50	1.07	288.66	200.29	12.97	24.01	51.39
		合计								1 550.60	957.88	148.71	181.87	262.14

表 1-10 图书馆电气设备安装工程未计价材料费计算表

序号	材料(设备)名称	规格	数量	单价(元)	小计(元)
1	落地式配电箱	GGD/XL	2	9 800	19 600
2	槽钢	10♯	50.43	4.80	242.06
	合计				19 842.06

7. 计算总价措施项目费

由于图书馆工程没有单价措施项目费,所以只能根据表 1-2 安全文明施工费费率标准、表 1-3 总价措施项目费标准和表 1-9 中人工费 957.88 元,计算工程总价措施项目费,见表 1-11。

表 1-11 图书馆电气设备安装工程总价措施项目费计算表

序号	项目名称	取费基础	费率(%)	计算式	金额(元)
1	安全文明施工费	分部分项工程量清单项目定额人工费+单价措施项目定额人工费	7.2	957.88×7.2%	68.97
2	夜间施工		0.8	957.88×0.8%	7.66
3	二次搬运		0.4	957.88×0.4%	3.83
4	冬雨季施工		0.6	957.88×0.6%	5.75
	小计				86.21

8. 计算其他项目费

本工程只发生了 0.5 个计日工。根据示例给定条件和某省安装计价定额的规定,还要按相应工种定额单价 85 元/工日计算 25% 的综合费。

$$计日工 = (150 + 85 \times 25\%) \times 0.5 工日 = 85.63 元$$

9. 计算规费

根据表 1-4 的规费标准和表 1-9 中人工费 957.88 元,计算图书馆工程规费,费率取下限,计算过程见表 1-12。

表 1-12 图书馆电气设备安装工程规费计算表

序号	项目名称	取费基础	费率(%)	计算式	金额(元)
1	社会保障费	分部分项工程量清单项目定额人工费＋单价措施项目定额人工费		957.88×6.4%	61.30
1.1	养老保险费		3.8	957.88×3.8%	36.40
1.2	失业保险费		0.3	957.88×0.3%	2.87
1.3	医疗保险费		1.8	957.88×1.8%	17.24
1.4	工伤保险费		0.4	957.88×0.4%	3.83
1.5	生育保险费		0.1	957.88×0.1%	0.96
2	住房公积金		1.3	957.88×1.3%	12.45
3	工程排污费			不计算	
	小计				73.75

10. 计算税金

根据表 1-5 和上述计算的定额直接费、企业管理费和利润、未计价材料费、措施项目费、其他项目费、规费之和,计算税金(工程在市区)。计算过程见表 1-13。

表 1-13 图书馆电气设备安装工程税金计算表

项目名称	取费基础	计 算 式	金额(元)
税 金	分部分项工程费＋措施项目费＋其他项目费＋规费	(1 550.60＋19 842.06＋86.21＋85.63＋73.75)×3.43% ＝21 638.25×3.43%＝742.19	739.83

11. 计算工程预算造价

(1) 汇总图书馆电气设备安装工程预算造价

根据表 1-13 中计算式数据可以汇总计算出图书馆电气设备安装工程施工图预算造价。

图书馆电气设备安装工程预算造价＝(1 550.60＋19 842.06＋86.21＋85.63＋73.75)×
$$(1+3.43\%)=21\ 638.25\times 1.034\ 3$$
$$=22\ 380.44\ 元$$

(2) 采用表格计算工程预算造价

根据表 1-2～表 1-5 费用标准、表 1-9～表 1-13 计算数据和计日工计算数据,采用表 1-14 计算图书馆电气设备安装工程施工图预算造价。

结论:图书馆电气设备安装工程预算造价为 22 380.44 元。

12. 安装工程施工图预算封面、编制说明

安装工程施工图预算封面、编制说明见后面章节内容。

表 1-14 安装工程预算造价计算表

工程名称：图书馆电气设备安装工程

序号	费用项目			计算基础	计算式	金额(元)
1	分部分项工程费	人工费		计价定额	957.88 元(见表 1.9)	21 392.66
				计价定额	148.71 元(见表 1.9)	
		材料费	计价材料费	市场指导价	19 842.06 元(见表 1.10)	
		机械费	未计价材料费	计价定额	181.87 元(见表 1.9)	
		综合费	企业管理费		262.14 元(见表 1.9)	
			利润			
2	措施项目费	单价措施项目	人工费	计价定额		无
			材料费			
			机械(具)费			
			综合费 企业管理费			
			利润			
		总价措施	安全文明施工费	分项工程定额人工费＋单价措施项目定额人工费	957.88×7.2％＝68.97	86.21
			夜间施工增加费		957.88×0.8％＝7.66	
			二次搬运费		957.88×0.4％＝3.83	
			冬雨季施工增加费		957.88×0.6％＝5.75	
3	其他项目费	总承包服务费		分包工程造价		
		暂列金额				
		暂估价				
		计日工			(150＋85×25％)×0.5 工日＝85.63	85.63
4	规费	社会保险费		分项工程定额人工费＋单价措施项目定额人工费	957.88×6.4％＝61.30	73.75
		住房公积金			957.88×1.3％＝12.45	
		工程排污费		按地方规定	无	
5	税 金			税前造价	21 638.25×3.43％	742.19
	工程预算造价＝序1＋序2＋序3＋序4＋序5					22 380.44

第五节 安装工程投标价(控制价)编制方法

一、投标价(控制价)的概念

1. 投标价

投标价是指投标人投标时,响应招标文件要求所报出的对以标价工程量清单汇总后标明的总价。一般情况下,一个招标工程可以有若干个投标价。

2. 招标控制价

招标人根据国家或省级、行业建设主管部门颁发的有关计价依据和办法,以及拟定的招标文件和招标工程量清单,结合工程具体情况编制的招标工程的最高投标限价。一个招标工程只有一个招标控制价。

二、投标价(控制价)的构成要素

1. 清单工程量

包括从招标工程量清单中提取的分部分项工程量,例如 DN50 螺纹截止阀安装等;根据施工图和通用安装工程措施项目清单确定的单价措施项目清单工程量,例如脚手架搭拆等。

2. 综合单价

根据招标工程量清单、计价定额、市场价格,按有关规定编制,确定分部分项清单工程量项目或单价措施项目清单工程量项目,所需人工费、材料费和工程设备费、施工机具使用费、企业管理费和利润以及一定风险费的组合单价。

3. 分部分项工程费

根据招标文件中的分部分项清单工程量乘以综合单价之和。

4. 措施项目费

根据招标文件中的单价措施项目清单乘以综合单价之和加上总价措施项目费。

5. 其他项目费

招标文件中规定的暂列金额加上投标人确定的专业工程暂估价、计日工、总承包服务费之和。

6. 规费

投标人根据国家法律、法规规定和省级政府主管部门规定计算的社会保险费、住房公积金、工程排污费之和。

7. 税金

根据税法规定的应计入建筑安装工程造价内的营业税、城市维护建设税、教育费附加、地方教育附加之和。

三、安装工程投标价编制示例

由于控制价和投标价的编制方法基本相同,所以只要掌握投标价的编制方法就掌握了控制价的编制方法。

1. 编制依据

某图书馆工程在市区,根据该工程安装落地式配电箱有关数据资料(表1-6、表1-7、表1-8)和表1-2、表1-3、表1-4(费率取下限值)、表1-5费用标准,编制图书馆电气设备安装工程投标价。另外,在安装槽钢基础前需清理障碍物预计发生0.5个计日工,工日单价150元。

表1-15 落地式配电箱有关数据

名 称	型 号	规格(mm)	单位	市场单价(元)	数 量
落地式配电箱	GGD/XL	1 700×800×400	台	9 800	2
基础槽钢	10#	100×48×5.3 每米重:10.007 kg	m	4.80	按规定计算

表1-16 分部分项工程量清单

工程名称:图书馆电气设备安装工程

项目编码	项目名称	项目特征	计量单位	工程量	工作内容
030404017001	配电箱	1. 名称:低压配电箱 2. 型号:GGD/XL 3. 规格:1 700×800×400 4. 基础形式、材质、规格:10#槽钢基础 5. 接线端子材质、规格:铜质,规格详图 6. 端子板外部接线材质、规格:铜质、BV-16 mm² 7. 安装方式:落地式	台	2	1. 本体安装 2. 基础型钢制作、安装 3. 焊、压接线端子 4. 补刷(喷)油漆 5. 接地

说明:××省通用安装工程计价定额电气设备安装工程计价定额摘录见表1-8。

2. 计算工程量

投标价完全根据招标工程量清单分部分项工程量,因此不需要再计算工程量。

3. 综合单价分析

由于分部分项工程费是根据综合单价计算的,所以要先确定落地式配电箱安装的综合单价。

一个清单项目综合单价的计算内容是根据该项目的工作内容确定的。通用安装工程工程量计算规范,编码为030404017配电箱安装包括本体安装和基础槽钢制作、安装等工作内容,这些内容在计价定额里是三个定额项目。因此,落地式配电箱安装综合单价应综合三个计价定额项目的费用。

落地式配电箱安装综合单价要综合基础槽钢制作、安装内容,就要计算工程量,其工程量计算过程和结果同本章第四节。

落地式配电箱安装综合单价根据表1-8、表1-10、表1-15、表1-16和基础槽钢制作、安装工程量编制,计算过程见表1-17。

4. 投标价计算

本工程只发生了0.5个计日工。根据示例给定条件和某省安装计价定额的规定,还要按

表1-17 综合单价分析表

工程名称：图书馆电气设备安装工程　　标段：　　　　　　第1页 共1页

项目编码	030404017001	项目名称	配电箱				计量单位	台	工程量	1
			清单综合单价组成明细							
定额编号	定额项目名称	定额单位	数量	单价（元）				合价（元）		
				人工费	材料费	机械费	管理费和利润	人工费	材料费	机械费	管理费和利润
CD0344	配电箱 (1 700×800×400)	台	2.00	224.86	33.53	63.08	66.23	449.72	67.06	126.16	132.46
CD2194	10#基础槽钢制作	m	48.03	6.41	1.43	0.66	1.63	307.87	68.68	31.70	78.29
CD2195	10#基础槽钢安装	m	48.03	4.17	0.27	0.50	1.07	200.29	12.97	24.01	51.39
人工单价			小 计					957.88	148.71	181.87	262.14
元/工日			未计价材料费								
清单项目综合合价（元）								(1 550.60＋19 842.06)÷2＝10 696.33			
材料费明细	主要材料名称、规格、型号			单 位	数 量	单价（元）	合价（元）	暂估单价（元）	暂估合价（元）		
	成套配电箱（1 700×800×400）			台	2.00	9 800	19 600				
	10#槽钢			m	50.43	4.80	242.06				
	其他材料费						19 842.06				
	材料费小计						19 842.06				

相应工种定额单价 85 元/工日计算 25% 的综合费。

$$计日工 = (150 + 85 \times 25\%) \times 0.5 \text{工日} = 85.63 \text{元}$$

根据表 1-2、表 1-3、表 1-4、表 1-5 费用标准和表 1-16、表 1-17 数据,计算的图书馆电气设备安装工程投标价见表 1-18。

表 1-18 安装工程投标价计算表

工程名称:图书馆电气设备安装工程

序号	费用项目			计算基础	计算式	金额(元)
1	分部分项工程费	人工费		计价定额	工程量×综合单价 =2×10 696.33	21 392.66
		材料费	计价材料费	计价定额		
			未计价材料费	市场价		
		机械费		计价定额		
		综合费	企业管理费	计价定额		
			利润			
2	措施项目费	单价措施项目	人工费	计价定额		无
			材料费			
			机械(具)费			
			综合费 企业管理费			
			利润			
		总价措施	安全文明施工费	分项工程定额人工费+单价措施项目定额人工费	957.88×7.2%=68.97	86.21
			夜间施工增加费		957.88×0.8%=7.66	
			二次搬运费		957.88×0.4%=3.83	
			冬雨季施工增加费		957.88×0.6%=5.75	
3	其他项目费	总承包服务费		分包工程造价		
		暂列金额				
		暂估价				
		计日工			(150+85×25%)×0.5 工日=85.63	85.63
4	规费	社会保险费		分项工程定额人工费+单价措施项目定额人工费	957.88×6.4%=61.30	73.75
		住房公积金			957.88×1.3%=12.45	
		工程排污费		按地方规定	无	
5	税金			税前造价	21 638.25×3.43%	742.19
	工程预算造价=序1+序2+序3+序4+序5					22 380.44

5. 投标价汇总

将第四节计算的分部分项工程费、措施项目费、其他项目费、规费和税金汇总到表 1-19 中。

表 1-19　单位工程投标价汇总表

工程名称：图书馆电气设备安装工程　　标段：　　　　　　　　　　第 1 页　共 1 页

序号	汇 总 内 容	金额(元)	其中：暂估价(元)
1	分部分项工程	21 392.66	
1.1			
1.2			
1.3			
1.4	电气设备安装工程	21 392.66	
1.5			
2	措施项目	86.21	
2.1	其中：安全文明施工费	68.97	
3	其他项目	85.63	
3.1	其中：暂列金额		
3.2	其中：专业工程暂估价		
3.3	其中：计日工	85.63	
3.4	其中：总承包服务费		
4	规费	73.75	
5	税金	742.19	
	投标价合计	22 380.44	

结论：图书馆电气设备安装工程投标价为 22 380.44 元。

6. 图书馆电气安装工程投标价封面、编制说明

图书馆电气安装工程投标价封面、编制说明见后面章节内容。

第六节　"营改增"后投标价编制方法

一、"增值税"投标价与"营业税"投标价的异同

1. 建设工程增值税与营业税的计算基础不同

营业税是价内税，是计算工程造价的基础，建筑安装材料(设备)等所含营业税也是计算工

程造价的基础。

增值税是价外税,增值税的计算基础不含进项增值税,也不含建筑安装材料(设备)等的增值税。

2. 计算方法基本相同

含营业税或者增值税的投标报价,计算分部分项工程费、措施项目费、其他项目费、规费的方法完全相同。

3. "营改增"后投标价计算的主要区别

增值税的计算基础的人工费、材料费、机具费、企业管理费、措施项目费、其他项目费等不能含增值税。

将城市维护建设税、教育费附加、地方教育附加归并到了企业管理费,因此企业管理费的计算费率要提高。

二、什么是增值税

增值税是对纳税人生产经营活动的增值额征收的一种税,是流转税的一种。

增值额是纳税人生产经营活动实现的销售额与其从其他纳税人购入货物、劳务、服务之间的差额。

三、什么是营改增

通常所说的"营改增"是营业税改征增值税的简称,是指将建筑业、交通运输业和部分现代服务业等纳税人从原来的按营业额缴纳营业税,转变为按增值额征税缴纳增值税,实行环环征收、道道抵扣。

增值税是对在我国境内销售货物、提供加工、修理修配劳务以及进口货物的单位和个人,就其取得的增值额为计算依据征收的一种税。

四、为什么要实施营改增

(1) 避免了营业税重复征税、不能抵扣、不能退税的弊端,能有效降低企业税负。

(2) 把营业税的"价内税"变成了增值税的"价外税",形成了增值税进项和销项的抵扣关系,从深层次影响产业结构。

五、营改增范围

扩大了试点行业范围后将建筑业、金融业、房地产业、生活服务纳入营改增范围,将不动产纳入抵扣。

六、增值税税率

营改增政策实施后,增值税税率实行5级制(17%、13%、11%、6%、0),小规模纳税人可选择简易计税方法征收3%的增值税。

表 1-20 营改增各行业所适用的增值税税率

行　业	增值税率(%)	营业税率(%)
建筑业	11	3
房地产业	11	5
金融业	6	5
生活服务业	6	一般为5%,特定娱乐业适用3%~20%税率

说明:销售企业增值税税率为17%。

七、住建部的规定

《住房城乡建设部办公厅关于做好建筑业营改增建设工程计价依据调整准备工作的通知》建办标〔2016〕4号文要求,工程造价计算方法如下:

$$工程造价 = 税前工程造价 \times (1 + 11\%)$$

其中,11%为建筑业拟征增值税税率,税前工程造价为人工费、材料费、施工机具使用费、企业管理费、利润和规费之和,各费用项目均以不包含增值税可抵扣进项税额的价格计算,相应计价依据按上述方法调整。

八、增值税计算有关规定与举例

1. 中华人民共和国增值税暂行条例规定

(1) 应纳税额

纳税人销售货物或者提供应税劳务(以下简称销售货物或者应税劳务),应纳税额为当期销项税额抵扣当期进项税额后的余额。应纳税额计算公式为

$$应纳税额 = 当期销项税额 - 当期进项税额$$

(2) 销项税额

销项税额是指纳税人发生应税行为按照销售额和增值税税率计算并收取的增值税。销项税额计算公式为

$$销项税额 = 销售额 \times 增值税率$$

2. 增值税、销项税、进项税举例

B企业从A企业购进一批货物,货物价值为100元(销售额),则B企业应该支付给A企业117元(含税销售额)(销售额100元及增值税$100 \times 17\% = 17$),此时A企业实得100元,另17元交给了税务局。

然后B企业经过加工后以200元(销售额)卖给C企业,此时C企业应付给B企业234元(含税销售额)(销售额200加上增值税$200 \times 17\% = 34$)。

$$销项税额 = 销售额 \times 增值税率 = 200 \times 17\% = 34 元$$
$$B企业应纳税额 = 当期销项税额 - 当期进项税额$$
$$= 34 元 - 17 元(A企业已交)$$
$$= 17 元(B企业在将货物卖给C企业后应交给税务局的增值税税额)$$

九、建设工程销售额与含税销售额

1. 建设工程销售额

销售额为纳税人销售货物或者应税劳务向购买方收取的全部价款和价外费用,但是不包括收取的销项税额。

建设工程销售额 = 分部分项工程费 + 措施项目费 + 其他项目费 + 规费

或　　销售额 = 含税销售额 ÷ (1 + 增值税率)

2. 建设工程含税销售额

建筑工程含税销售额 = 销售额 × (1 + 11%)（建筑业）

或　　建筑工程除税价 = 含税工程造价 ÷ (1 + 11%)

3. 工程材料（除税价）销售额

当工程材料（除税价）销售额包括材料含税价和运输含税价时,计算工程材料除税价：

$$工程材料除税价 = \frac{材料含税价}{1+增值税率17\%} + \frac{运输含税价}{1+增值税率11\%}$$

增值税率折算率 = (工程材料含税价 / 工程材料除税价) − 1

十、"营改增"后工程造价计算规定

1. 建办标〔2016〕4号文规定的工程造价计算方法

工程造价 = 税前工程造价 × (1 + 11%)

即　　工程造价 = (分部分项工程费 + 措施项目费 + 其他项目费 + 规费) × (1 + 11%)

其中,11%为建筑业拟征增值税税率。税前工程造价为人工费、材料费、施工机具使用费、企业管理费、利润和规费之和;各费用项目均不包含进项税额。

例如,某工程项目不含进项税的分部分项工程费 59 087 元、措施项目费 399 元、其他项目费 218 元、规费 192 元,税前工程造价为 59 896 元,含税工程造价为 59 896 × (1 + 0.11) = 66 484.56 元。

2. 现阶段变通的工程造价计算规定

目前,计价定额这个主要计价依据中人工费、材料费、机具费、企业管理费等费用均含进项税,因此要在这些费用中将进项税分离出来,才能符合建办标〔2016〕4号文规定的要求。因此,各地工程造价主管部门纷纷颁发了分离进项税的各项费用调整表。

某地区发布的"营改增"后执行 2015 计价定额的费用、费率调整表如下：

表 1-21　执行 2015 定额以"元"为单位的费用调整表

调整项目	机械费	综合费	计价材料费	摊销材料费	调整方法
调整系数	92.8%	105%	88%	87%	定额基价相应费用乘以对应系数

表 1-22 以"费率%"表现的费用标准表（工程在市区）

序号	项目名称	工程类型	取费基础	费率(%)
1	环境保护费	通用安装工程	分部分项清单项目定额人工费＋单价措施项目定额人工费	0.2
2	文明施工费			1.24
3	安全施工费			2.05
4	临时设施费			3.41
	小计			6.9

表 1-23 调整后总价措施项目费标准

序号	项目名称	取费基础	费率(%)
1	夜间施工	分部分项工程量清单项目定额人工费＋单价措施项目定额人工费	0.78
2	二次搬运		0.38
3	冬雨季施工		0.58
4	工程定位复测		0.14

表 1-24 材料分类及适用税率表

材料名称	依据文件	税率(%)
建筑用和生产建筑材料用的砂、土、石料、自来水、商品混凝土（仅限于以水泥为原料）等	财税〔2014〕57号文	3%
煤炭、草皮、稻草、暖气、煤气、天然气等	财税〔2009〕9号文、财税字〔1995〕52号文	13%
其余材料	财税〔2009〕9号文	17%

表 1-25 定额材料基价扣除进项税调整系数

购进材料税率或征收率	调整系数	调整方法
17%	0.8577	定额材料单价乘以调整系数
13%	0.8873	
3%	0.9715	

十一、"营改增"后工程造价计算实例

1. 编制依据

某图书馆工程在市区，根据该工程安装落地式配电箱有关数据资料（表 1-26、表 1-27）和表 1-21、表 1-22、表 1-23、表 1-4（费率取下限值）费用标准，编制图书馆电气设备安装工程投标价。另外，在安装槽钢基础前需清理障碍物预计发生 0.5 个计日工，工日单价 150 元。

表 1-26 落地式配电箱有关数据

名　称	型　号	规格(mm)	单位	信息单价(元)	数　量
落地式配电箱	GGD/XL	1 700×800×400	台	9 800/(1+17%)=8 376.07	2
基础槽钢	10#	100×48×5.3 每米重:10.007 kg	m	4.80/(1+17%)=4.10	按规定计算

表 1-27 分部分项工程量清单

工程名称:图书馆电气设备安装工程

项目编码	项目名称	项　目　特　征	计量单位	工程量	工　作　内　容
030404017001	配电箱	1. 名称:低压配电箱 2. 型号:GGD/XL 3. 规格:1 700×800×400 4. 基础形式、材质、规格:10#槽钢基础 5. 接线端子材质、规格:铜质,规格详图 6. 端子板外部接线材质、规格:铜质、BV-16mm^2 7. 安装方式:落地式	台	2	1. 本体安装 2. 基础型钢制作、安装 3. 焊、压接线端子 4. 补刷(喷)油漆 5. 接地

说明:××省通用安装工程计价定额电气设备安装工程计价定额摘录见表 1-8。

2. 计算工程量

投标价完全根据招标工程量清单分部分项工程量,因此不需要再计算工程量。

3. 综合单价分析

按某地区"营改增"规定,调整定额基价中的材料费、机械费、企业管理费计算见表 1-28。

根据表 1-26 数据计算未计价材料费:配电箱 2 台×8 376.07 元/台+10#槽钢 50.43 kg×4.10 元/m=16 958.90 元。

表 1-28 "营改增"后 2015 定额材料费、机械费、综合费调整表

定额编号	定额项目名称	定额单位	调整后定额基价	单　价(元)			
				人工费	材料费	机械费	管理费和利润
CD0344	配电箱 (1 700×800×400)	台	382.45	224.86	33.53×0.88=29.51	63.08×0.928=58.54	66.23×1.05=69.54
CD2194	10#基础槽钢制作	m	9.99	6.41	1.43×0.88=1.26	0.66×0.928=0.61	1.63×1.05=1.71
CD2195	10#基础槽钢安装	m	5.99	4.17	0.27×0.88=0.24	0.50×0.928=0.46	1.07×1.05=1.12

注:表中采用的调整系数见表 1-21。

表1-30 综合单价分析表

工程名称：图书馆电气设备安装工程　　标段：　　　　　　　　　　　　　　　　　　　　　　第1页 共1页

项目编码	030404017001	项目名称		配电箱		计量单位	台	工程量	1
清单综合单价组成明细									
定额编号	定额项目名称	定额单位	数量	单价（元）				合价（元）			
				人工费	材料费	机械费	管理费和利润	人工费	材料费	机械费	管理费和利润
CD0344	配电箱（1700×800×400）	台	2.00	224.86	29.51	58.54	69.54	449.72	59.02	117.08	139.08
CD2194	10#基础槽钢制作	m	48.03	6.41	1.26	0.61	1.71	307.87	60.52	29.30	82.13
CD2195	10#基础槽钢安装	m	48.03	4.17	0.24	0.46	1.12	200.29	11.53	22.09	53.79
人工单价		小　计						957.88	131.07	168.47	275.00
元/工日		未计价材料费（见表1-10）						(1 532.42＋16 958.90)÷2＝9 245.66			
清单项目综合单价								16 958.90			
材料费明细	主要材料名称、规格、型号				单位	数量	单价（元）	合价（元）	暂估单价（元）		暂估合价（元）
	成套配电箱（1700×800×400）				台	2.00	8 376.07	16 752.14			
	10#槽钢				m	50.43	4.10	206.76			
	其他材料费										16 958.9
	材料费小计										

表1-29 调整系数后2015定额基价表

定额编号	定额项目名称	定额单位	调整后定额基价（元）	单 价(元)			
				人工费	材料费	机械费	管理费和利润
CD0344	配电箱(1 700×800×400)	台	382.45	224.86	29.51	58.54	69.54
CD2194	10#基础槽钢制作	m	9.99	6.41	1.26	0.61	1.71
CD2195	10#基础槽钢安装	m	5.99	4.17	0.24	0.46	1.12

根据表1-6、表1-27、表1-29和基础槽钢制作、安装工程量48.03 kg，10#槽钢50.43 kg，编制"营改增"后落地式配电箱安装综合单价见表1-30。

4. 投标价计算

本工程只发生了0.5个计日工。根据示例给定条件和某省安装计价定额的规定，还要按相应工种定额单价85元/工日计算25%的综合费。

$$计日工 = (150 + 85 \times 25\%) \times 0.5 工日 = 85.63 元$$

根据表1-22、表1-23、表1-29、表1-30，计算"营改增"后图书馆电气设备安装工程投标价见表1-31。

表1-31 "营改增"后安装工程投标价计算表

工程名称：图书馆电气设备安装工程

序号	费用项目			计算基础	计 算 式	金额(元)
1	分部分项工程费	人工费		计价定额	工程量×综合单价 =2×9 245.66	18 491.32
		材料费	计价材料费	扣税价		
			未计价材料费	扣税信息价		
		机械费		加附加税		
		综合费	企业管理费			
			利润			
2	措施项目费	单价措施项目	人工费	计价定额		无
			材料费			
			机械(具)费			
			综合费 企业管理费			
			利润			
		总价措施	安全文明施工费	分项工程定额人工费+单价措施项目定额人工费	957.88×6.9%=66.09	82.76
			夜间施工增加费		957.88×0.78%=7.47	
			二次搬运费		957.88×0.38%=3.64	
			冬雨季施工增加费		957.88×0.58%=5.56	

续表 1-31

序号	费用项目		计算基础	计算式	金额(元)
3	其他项目费	总承包服务费	分包工程造价		无
		暂列金额			
		暂估价			
		计日工		(150+85×25%)×0.5 工日=85.63	85.63
4	规费	社会保险费	分项工程定额人工费+单价措施项目定额人工费	957.88×6.4%=61.30	73.75
		住房公积金		957.88×1.3%=12.45	
		工程排污费	按地方规定	无	
5	增值税		税前工程造价	18 733.46×11%	2 060.68
	工程投标价=序1+序2+序3+序4+序5				20 794.14

5. 投标价汇总

将前面按"营改增"方法计算的分部分项工程费、措施项目费、其他项目费、规费和税金汇总到表 1-32 中。

表 1-32 "营改增"后单位工程投标价汇总表

工程名称：图书馆电气设备安装工程　　标段：　　　　　　　　第1页　共1页

序号	汇总内容	金额(元)	其中:暂估价(元)
1	分部分项工程	18 491.32	
1.1			
1.2			
1.3			
1.4	电气设备安装工程	18 491.32	
1.5			
2	措施项目	82.76	
2.1	其中:安全文明施工费	66.09	
3	其他项目	85.63	
3.1	其中:暂列金额		
3.2	其中:专业工程暂估价		
3.3	其中:计日工	85.63	
3.4	其中:总承包服务费		
4	规费	73.75	

续表 1-32

序号	汇总内容	金额(元)	其中:暂估价(元)
5	创优质工程奖补偿奖励费		
6	税前工程造价	18 733.46	
7	销项增值税	2 060.68	
	投标价合计	20 794.14	

结论:"营改增"后图书馆电气设备安装工程投标价为 20 794.14 元。

单元小结

本章内容十分重要,因为不但系统介绍了工程计价原理和计价方法,而且还用简洁完整的实例系统诠释了如何使用这些计价方法。因此,本章需要重点掌握我国确定工程造价的主要计价方式、掌握安装工程造价费用组成的内容及计算方法、掌握"营改增"以后安装工程造价的费用内容组成及计算方法的改变。

复习思考题

(1) 施工图预算编制方法与投标价编制方法有哪些异同点?
(2) "增值税"投标价与"营业税"投标价编制方法有哪些异同?

第二章 计量与计价依据

> **知识重点**

全国安装工程消耗量定额与地方定额的组成及应用等,定额工程量的计算依据、计算方法,清单工程量的计算依据、计算方法,《建设工程工程量清单计价规范》(GB 50500—2013)和《通用安装工程工程量计算规范》(GB 50856—2013)简介的基本组成及应用等。

> **基本要求**

熟悉定额、建设工程量清单计价规范和《通用安装工程工程量计算规范》(GB 50856—2013)。

第一节 通用安装工程计价定额

一、概述

1. 定额的概念

定额,即规定的额度,是人们根据不同的需要,对一事物规定的数量标准。它是在正常的生产技术条件下进行生产经营活动时,在人力、物力、财力的消耗和利用方面应遵循的数量额度标准,我们称之为定额。

2. 安装工程计价定额

安装工程计价定额也称为安装工程预算定额,是指完成单位安装工程量所消耗的人工、材料、机械台班的实物量指标,以及相应货币量的数量标准。它是编制安装工程预算、招标控制价、投标价的重要依据。

3. 安装工程单位估价表

预算定额单价往往是以消耗量与对应的价格(基价)形式呈现,一般称为单位估价表。它是将全国通用安装工程消耗量定额规定的人工、材料及施工机械台班消耗的数量,按照本地区的工资标准、材料单价和施工机械台班单价,以货币形式表示的各分部分项工程或结构构件的单位价格。

单位估价表由两部分组成,一是全国通用安装工程消耗量定额规定的人工、材料及施工机械台班的消耗数量,二是要素价格(人工单价、材料单价、施工机械台班单价),编制地区定额就是将这消耗数量乘以单价,得出人工费、材料费和机械台班费用,然后汇总为定额项基价。

四川省通用安装工程清单计价定额是一个含有综合费的特例的单位估价表,是工程造价管理机构在编制时结合本省情况给出的完成单位产品的价格。其中综合费里包含了管理费和利润。定额表里的综合单价就是完成一个规定计量单位的分部分项工程项目或措施项目的工程内容所需要的人工费、材料和工程设备费、施工机具使用费、综合费(企业管理费和利润)。

某地区安装工程计价定额(摘录)

D.4.17.2 成套配电箱

工作内容:开箱、检查、安装、查校线、接地

定额编号	项目名称	单位	综合单价(元)	其中				未计价材料		
				人工费	材料费	机械费	综合费	名称	单位	数量
CD0344	落地式配电箱	台	387.70	224.86	33.53	63.08	66.23			
CD0345	悬挂嵌入式配电箱(半周长)≤0.5 m	台	136.69	89.00	27.22	—	20.47			
CD0346	悬挂嵌入式配电箱(半周长)≤1.0 m	台	162.19	106.79	30.84	—	24.56			
CD0347	悬挂嵌入式配电箱(半周长)≤1.5 m	台	201.45	136.46	33.60	—	31.39			
CD0348	悬挂嵌入式配电箱(半周长)≤2.5 m	台	249.48	166.12	36.23	7.25	39.88			

4. 安装工程计价定额的主要作用

安装工程计价定额的主要作用是计算安装工程施工图预算的定额直接费;计算招标控制价和投标价的分部分项工程的综合单价。

二、安装工程计价定额构成要素

通过某地区安装工程计价定额,安装工程计价定额的构成要素描述如下。

D.9.1 接地极(清单编码:030409001)

D.9.1.1 接地极制作、安装

工作内容:尖端及加固帽加工、接地极打入地下及埋设、下料、加工、焊接

定额编号	项目名称	单位	综合单价(元)	其中				未计价材料		
				人工费	材料费	机械费	综合费	名称	单位	数量
CD1219	钢管接地极普通土	根	72.64	36.78	3.34	19.56	12.96	钢管	kg	1.030
CD1220	钢管接地极坚土	根	76.29	39.75	3.34	19.56	13.64	钢管	kg	1.030
CD1221	角钢接地极普通土	根	53.91	53.91	2.84	13.04	9.55	角钢(综合)	kg	1.050
CD1222	角钢接地极坚土	根	57.55	57.55	2.84	13.04	10.23	角钢(综合)	kg	1.050
CD1223	圆钢接地极普通土	根	44.80	23.14	1.95	11.7	8.01	圆钢	m	1.050
CD1224	圆钢接地极坚土	根	59.39	35.00	1.95	11.7	10.74	圆钢	m	1.050
CD1225	接地极板铜板	块	406.21	201.72	158.09	—	46.40	紫铜板	块	1.040
CD1226	接地极板钢板	块	287.51	213.59	11.42	10.87	51.63	钢板	块	1.040

(1) 项目名称:例如上述计价定额中圆钢接地极普通土。
(2) 定额编号:CD1223。
(3) 计量单位:根。
(4) 工作内容:尖端及加固帽加工、接地极打入地下及埋设、下料、加工、焊接。
(5) 人工费:23.14元 ;材料费:1.95元 ;机械费:11.7元。
(6) 定额单价的确定
① 人工工日单价的确定
日工资单价是指施工企业平均技术熟练程度的生产工人在每工作日(国家法定工作时间内)按规定从事施工作业应得的日工资总额。

工程造价管理机构确定日工资单价应通过市场调查,根据工程项目的技术要求,参考实物工程量人工单价综合分析确定,最低日工资单价不得低于工程所在地人力资源和社会保障部门所发布的最低工资标准:普工1.3倍,一般技工2倍,高级技工3倍。

工程计价定额不可只列一个综合工日单价,应根据工程项目技术要求和工种差别适当划分多种日人工单价,确保各分部工程人工费的合理构成。

$$日工资单价 = \frac{生产工人平均月工资(计时计件) + 平均月(奖金 + 津贴补贴 + 特殊情况下支付的工资)}{年平均每月法定工作日}$$

② 材料单价的确定
材料单价是指材料由来源地运到工地仓库或堆放场地后的出库价格。材料从采购、运输到保管,在使用前所发生的全部费用构成了材料单价,包括材料原价、运杂费、运输损耗费和采购及保管费。

$$材料单价 = \{(材料原价 + 运杂费)[1 + 运输损耗率(\%)][1 + 采购保管费率(\%)]\}$$

③ 机械台班单价的确定
a. 施工机械使用费

$$施工机械使用费 = \sum(施工机械台班消耗量 \times 机械台班单价)$$

$$机械台班单价 = 台班折旧费 + 台班大修费 + 台班经常修理费 + 台班安拆费及场外运费 + 台班人工费 + 台班燃料动力费 + 台班车船税费$$

注:工程造价管理机构在确定计价定额中的施工机械使用费时,应根据《建筑施工机械台班费用计算规则》,结合市场调查编制施工机械台班单价。施工企业可以参考工程造价管理机构发布的台班单价,自主确定施工机械使用费的报价,如租赁施工机械,公式为:

$$施工机械使用费 = \sum(施工机械台班消耗量 \times 机械台班租赁单价)$$

b. 仪器仪表使用费

$$仪器仪表使用费 = 工程使用的仪器仪表摊销费 + 维修费$$

(7) 定额基价及其确定方法

根据单位产品消耗的人工、材料、机械的数量与地区造价管理部门统计的人工、材料和机械价格两者相乘,分别求出单位产品的人工费、材料费和机械台班费,再将三者相加,得到预算基价。

$$定额基价 = 人工费 + 材料费 + 机械费$$

$$定额基价 = 23.14 + 1.95 + 11.7 = 36.79 元$$

其中:人工费=∑(定额人工消耗量指标×人工工日单价)

材料费=∑(定额材料消耗量指标×材料预算单价)

机械费=∑(定额机械台班消耗量指标×机械台班单价)

三、2015版通用安装工程消耗量定额与地区安装工程计价定额

1. 2015版通用安装工程消耗量定额

通用安装工程消耗量定额(摘录)

工作内容:尖端及加固帽加工、接地极打入地下及埋设、下料、加工、焊接　　　　　　　　计量单位:根

定额编号			4-10-48	4-10-49	4-10-50	4-10-51	4-10-52
项目			钢管接地极		角钢接地极		圆钢接地极
			普通土	坚土	普通土	坚土	普通土
名称		单位					
人工	合计工日	工日	0.274	0.31	0.190	0.221	0.138
	其中 普工	工日	0.084	0.095	0.058	0.067	0.042
	一般技工	工日	0.150	0.170	0.104	0.122	0.076
	高级技工	工日	0.039	0.044	0.027	0.032	0.020
材料	镀锌钢管 DN50	kg	6.880	6.880	—	—	—
	镀锌角钢(综合)	kg	—	—	9.150	9.150	—
	镀锌圆钢	kg					10.100
	镀锌扁钢(综合)	kg	0.260	0.260	0.260	0.260	0.130
	低碳钢焊条(综合)	kg	0.200	0.200	0.150	0.150	0.160
	钢锯条	条	1.500	1.500	1.000	1.000	0.170
	沥青清漆	kg	0.020	0.020	0.020	0.020	0.010
	其他材料费	%	1.80	1.80	1.80	1.80	1.80
机械	交流弧焊机 21 kV·A	台班	0.252	0.252	0.168	0.168	0.140

2. 某地区通用安装工程计价定额与全国通用安装工程消耗量定额(2015版)对比

某地区通用安装工程计价定额分册与全国通用安装消耗量定额分册对比

分册	地区定额分册	分册	全国定额分册
第一册	A 机械设备安装工程	第一册	机械设备安装工程 TY02-31-2015
	B 热力设备安装工程	第二册	热力设备安装工程 TY02-31-2015
	C 静置设备与工艺金属结构制作安装工程	第三册	静置设备与工艺金属结构制作安装工程 TY02-31-2015
第二册	D 电气设备安装工程	第四册	电气设备安装工程 TY02-31-2015
	E 建筑智能化工程	第五册	建筑智能化工程 TY02-31-2015
	F 自动化控制仪表安装工程	第六册	自动化控制仪表安装工程 TY02-31-2015
第三册	G 通风空调工程	第七册	通风空调工程 TY02-31-2015
	H 工业管道工程	第八册	工业管道工程 TY02-31-2015
	J 消防工程	第九册	消防工程 TY02-31-2015
	K 给排水、采暖、燃气工程	第十册	给排水、采暖、燃气工程 TY02-31-2015
第四册	L 通信设备及线路工程	第十一册	通信设备及线路工程 TY02-31-2015
	M 刷油、防腐蚀、绝热工程	第十二册	刷油、防腐蚀、绝热工程 TY02-31-2015

四、某地区安装工程计价定额应用

预算定额应用正确与否,直接影响建筑安装工程造价的准确性,定额的应用也是一个比较复杂的过程,需要循序渐进,在查定额前,首先必须认真阅读定额总说明、分册说明,熟悉各分册的适用范围,包括内容,明确定额中各类用语和符号的含义,掌握其基本使用方法。在实际工程中定额的应用一般会有以下三种情况:

1. 预算定额的直接套用

当施工图设计的工程项目内容与所套定额项目内容一致,且按定额总说明、分册说明、附注等规定,又不需要调整与换算时,可直接套用预算定额的人工、材料、机械台班消耗量及基价。在直接套用定额时,可按分册说明——定额子目——定额表——项目依次顺序找到所需要的定额项目。

例如:算一个 DN30 刚性防水套管的制作和安装,我们可以通过查找定额直接套用。

D.17.8.4 刚性防水套管制作

定额编号	项目名称	单位	综合单价(元)	其中				未计价材料		
				人工费(元)	材料费(元)	机械费(元)	综合费(元)	名称	单位	数量
CH3585	公称直径≤50 mm	个	113.04	43.04	38.81	19.08	12.11	钢管	kg	3.26

D.17.8.5 刚性防水套管安装

定额编号	项目名称	单位	综合单价(元)	其中				未计价材料		
				人工费(元)	材料费(元)	机械费(元)	综合费(元)	名称	单位	数量
CH3602	公称直径≤50 mm	个	67.99	44.37	14.97	—	8.65			

2. 预算定额的换算与调整

仅一种换算方法,即乘系数的方法,系数为定额中规定的系数。

例如:铜芯电力电缆(单芯),电缆截面35 mm^2 在山地进行敷设。

定额说明中规定:电缆在一般山地、丘陵地区敷设时,其人工费乘以系数1.3。

D.8.1 电力电缆(编码:030408001)
D.8.1.2 铜芯电力电缆敷设
D.8.1.2.1 (单芯)

定额编号	项目名称	单位	综合单价(元)	其中				未计价材料		
				人工费(元)	材料费(元)	机械费(元)	综合费(元)	名称	单位	数量
CD0832	电缆截面≤35 mm^2	100 m	516.12	287.22	156.57	5.1	67.23	铜芯电缆	m	101.5

解读:

定额编号:CD0832

人工费287.22元　　　　287.22×1.3=373.386元

综合单价 = 373.386+156.57+5.1+67.23 = 602.286元

例如:DN32螺纹阀(管廊内,螺纹连接)由于管道间、管廊内属于设备管道夹层,技术层,不易安装。定额附录K章说明规定:设置于管道间、管廊内的管道、阀门、法兰、支架的安装,人工乘以系数1.3。

K.3.1 螺纹阀门(编码:031003001)
K.3.1.1 螺纹阀门

定额编号	项目名称	单位	综合单价(元)	其中				未计价材料		
				人工费(元)	材料费(元)	机械费(元)	综合费(元)	名称	单位	数量
CK0446	公称直径≤32 mm^2	个	18.7	10.64	5.61	—	2.45	螺纹阀门DN32	个	1.010

解读:

定额编号:CK0446

人工费10.64元　　　　10.64×1.3=13.832元

综合单价 = 13.832+5.61+2.45 = 21.892元

3. 预算定额的补充

施工图纸中某些项目,由于采用新结构、新构造、新材料和新工艺等原因,在现行预算定额中未编入,同时又没有类似定额项目可套用,在这种情况下,就需要按照预算定额的编制原则、依据方法,结合实际,可进行补充定额编制,并在预算审查时进行审定,地区性补充定额需报请上级造价管理部门审批。

第二节 安装工程量计算规则

一、概述

1. 工程量计算规则的概念

工程量是以自然计量单位或物理计量单位表示的各分项工程或结构构件的工程数量。自然计量单位是以物体的自然属性来作为计量单位。如"变压器""配电箱"以"台"为计量单位,"阀门"以"个"为计量单位等。

2. 如何确定工程量计算规则

编制定额子目消耗量指标时要确定工程量计算方法,因此工程量计算规则是在编制定额的过程中形成和确定的。

二、安装工程主要工程量计算规则简介

1. 低压控制设备及低压电器安装计算规则

(1) 控制设备及低压电器安装均以"台"为计量单位。
(2) 盘柜配线分不同规格,以"m"为计量单位。
(3) 盘、箱、柜的外部进出线预留长度按表 2-1 计算。

表 2-1　盘、箱、柜的外部进出线预留长度　　　　　单位:m/根

序号	项目	预留长度	说明
1	各种箱、柜、盘、板、盒	高+宽	盘面尺寸
2	单独安装的铁壳开关、自动开关、刀开关、启动器、箱式电阻器、变阻器	0.5	从安装对象中心算起
3	继电器、控制开关、信号灯、按钮、熔断器等小电器	0.3	从安装对象中心算起
4	分支接头	0.2	分支线预留

(4) 配电板制作安装及包铁皮,按配电板图示外形尺寸,以"m^2"为计量单位。
(5) 焊(压)接线端子以"10 个"为计量单位。
(6) 端子板以 10 个端子为 1 组,以"组"为计量单位。
(7) 端子板外部接线按设备盘、箱、柜、台的外部接线图计算,以"10 个头"为计量单位。
(8) 开关、按钮安装的工程量,应区别开关、按钮安装形式,开关、按钮种类,开关极数以及单控与双控,以"套"为计量单位。
(9) 插座安装的工程量,应区别电源相数、额定电流、插座安装形式、插座插孔个数,以

"套"为计量单位。

（10）安全变压器以"台"为计量单位。

（11）电铃、电铃号码牌箱安装的工程量，应区别电铃直径、电铃号牌箱规格（号），以"套"为计量单位。

（12）门铃安装工程量的计算，应区别门铃安装形式，以"个"为计量单位。

（13）风扇安装的工程量，应区别风扇种类，以"台"为计量单位。

（14）盘管风机三速开关、请勿打扰灯、须刨插座安装的工程量，以"套"为计量单位。

（15）烘手器以"台"为计量单位。

（16）自动冲水感应器、风机盘管、风机箱、户用锅炉电气接线以"台"为计量单位。

（17）风管阀门电动执行机构电气接线以"套"为计量单位。

2. 电缆工程量计算规则

（1）直埋电缆的挖、填土（石）方，除特殊要求外，可按表2-2计算土方量。

表2-2 直埋电缆的挖、填土（石）方量计算表

项目	电缆根数	
	1~2	每增一根
每米沟长挖方量（m³）	0.45	0.153

注：(1) 两根以内的电缆沟，系按上口宽度600 mm、下口宽度400 mm、深度900 mm计算的常规土方量（深度按规范的最低标准）。

(2) 每增加一根电缆，其宽度增加170 mm。

(3) 以上土方量系按埋深从自然地坪起算，如设计埋深超过900 mm时，多挖的土方量应另行计算。

（2）电缆沟盖板揭、盖项目，按每揭或每盖一次以延长米计算，如又揭又盖，则按两次计算。

（3）电缆保护管长度，除按设计规定长度计算外，遇有下列情况，应按以下规定增加保护管长度：①横穿道路时，按路基宽度两端各增加2 m；②垂直敷设时，管口距地面增加2 m；③穿过建筑物外墙时，按基础外缘以外增加1 m；④穿过排水沟时，按沟壁外缘以外增加1 m。

（4）电缆保护管埋地敷设，其土方量凡有施工图注明的，按施工图计算；无施工图的，一般按沟深0.9 m，沟宽按最外边的保护管两侧边缘外各增加0.3 m工作面计算。

（5）电缆敷设按单根以延长米计算，一个沟内（或架上）敷设三根各长100 m的电缆，应按300 m计算，以此类推。

（6）电缆敷设长度应根据敷设路径的水平和垂直敷设长度，按表2-3规定增加附加长度。

表2-3 电缆敷设的附加长度表

序号	项目	预留长度（附加）	说明
1	电缆敷设弛度、波形弯度、交叉	2.5%	按电缆全长计算
2	电缆进入建筑物	2.0 m	规范规定最小值
3	电缆进入沟内或吊架时引上（下）预留	1.5 m	规范规定最小值
4	变电所进线、出线	1.5 m	规范规定最小值
5	电力电缆终端头	1.5 m	检修余量最小值

续表 2-3

序号	项　目	预留长度(附加)	说　明
6	电缆中间接头盒	两端各留 2.0 m	检修余量最小值
7	电缆进控制、保护屏及模拟盘、配电箱等	高+宽	按盘面尺寸
8	高压开关柜及低压配电盘、箱	2.0 m	盘下进出线
9	电缆至电动机	0.5 m	从电机接线盒起算
10	厂用变压器	3.0 m	从地坪起算
11	电缆绕过梁柱等增加长度	按实计算	按被绕物的断面情况计算增加长度
12	电梯电缆与电缆架固定点	每处 0.5 m	规范最小值

注：(1) 电缆附加及预留的长度是电缆敷设长度的组成部分,应计入电缆长度工程量之内。
(2) 表中"电缆敷设的附加长度"不适用于矿物绝缘电缆预留长度,矿物绝缘电缆预留长度按实际计算。

(7) 电缆终端头及中间头均以"个"为计量单位。电力电缆和控制电缆均应按一根电缆有两个终端头考虑。中间电缆头设计有图示的,按设计确定;设计没有规定的,按实际情况计算(或按平均 250 m 一个中间头考虑)。

(8) 穿刺线夹以单芯"个"为计量单位。

(9) 吊电缆的钢索及拉紧装置,应按本定额相应项目另行计算。

3. 给排水、采暖、燃气管道工程量计算规则

按设计图示管道中心线长度以延长米计算,不扣除阀门、管件(包括减压器、疏水器、水表、伸缩器等组成安装)及各种井类所占的长度;方形伸缩器以其所占长度按管道安装工程量计算。

4. 配管、配线工程量计算规则

(1) 各种配管应区别不同敷设方式、敷设位置、管材材质、规格,以"延长米"为计量单位,不扣除管路中间的接线箱(盒)、灯头盒、开关盒所占长度。

(2) 桥架安装,以"10 m"为计量单位,计算工程量不扣除弯头、三通、四通等所占的长度。桥架主材费中"直通桥架、弯头、三通、四通"分别按实际用量(含规定损耗率)计算材料价格。

(3) 管内穿线的工程量应区别线路性质、导线材质、导线截面,以单线"延长米"为计量单位。线路分支接头线的长度已综合考虑在定额中,不得另行计算。

(4) 线夹配线工程量应区别线夹材质(塑料、瓷质)、线式(两线、三线)、敷设位置(在木、砖、混凝土)以及导线规格,以线路"延长米"为计量单位。

(5) 绝缘子配线工程量,应区别绝缘子形式(针式、鼓形、蝶式)、绝缘子配线位置(沿屋架、梁、柱、墙、跨屋架、梁、柱、木结构、顶棚内、砖、混凝土结构、沿钢支架及钢索)、导线截面积,以线路"延长米"为计量单位计算。绝缘子暗配,引下线按线路支持点至天棚下缘距离的长度计算。

(6) 槽板配线工程量应区别槽板材质(木质、塑料)、配线位置(木结构、砖、混凝土)、导线截面、线式(二线、三线),以线路"延长米"为计量单位。

(7) 塑料护套线明敷工程量,应区别导线截面、导线芯数(二芯、三芯)、敷设位置(木结构、砖混凝土结构、沿钢索),以单根线路每束"延长米"为计量单位。

(8) 线槽配线工程量应区别导线截面,以单根线路"延长米"为计量单位。

(9) 钢索架设工程量应区别圆钢、钢索直径($\phi6$、$\phi9$),按图示墙(柱)内缘距离,以"延长米"为计量单位,不扣除拉紧装置所占长度。

(10) 母线拉紧装置及钢索拉紧装置制作安装工程量,应区别母线截面、花篮螺栓直径(12、16、18),以"套"为计量单位。

(11) 车间带形母线安装工程量应区别母线材质(铝、钢)、母线截面、安装位置(沿屋架、梁、柱、墙、跨屋架、梁、柱),以"延长米"为计量单位。

(12) 接线箱安装工程量应区别安装形式(明装、暗装)、接线箱半周长,以"个"为计量单位。

(13) 接线盒安装工程量应区别安装形式(明装、暗装、钢索上)以及接线盒类型,以"个"为计量单位。

(14) 灯具,明、暗开关,插座,按钮等的预留线,已分别综合在相应项目内,不另行计算。

(15) 配线进入开关箱、柜、板的预留线,按表2-4规定的长度,分别计入相应工程量。

表2-4 导线预留长度表(每一根线)

序号	项目	预留长度	说明
1	各种开关、柜、板	宽+高	盘面尺寸
2	单独安装(无箱、盘)的铁壳开关、闸刀开关、启动器线槽进出线盒等	0.3 m	从安装对象中心算起
3	由地面管子出口引至动力接线箱	1.0 m	从管口计算
4	电源与管内导线连接(管内穿线与软、硬母线接点)	1.5 m	从管口计算
5	出户线	1.5 m	从管口计算

5. 移动通信设备工程工程量计算规则

(1) 天线安装调试、天馈线调测以"副"为计量单位。

(2) 射频同轴电缆安装调试、泄漏式电缆调测以"条"为计量单位。

(3) 安装室外馈线走道,以"m"为计量单位。

(4) 安装天线铁塔避雷装置,以"处"为计量单位。

(5) 安装电子设备避雷器、接地模块、馈线密封窗、基站壁挂式监控配线箱、放大器或中继器、分路器(功分器、耦合器)、匹配器(假负载),以"个"为计量单位。

(6) 安装电源避雷器、基站设备、调测人工台(人工台10终端以"套"为计量单位),以"台"为计量单位。

(7) 安装调测光纤分布主控单元、自动寻呼终端设备、短信(语音信箱)设备、基站控制器(编码器),以"架"为计量单位。

(8) 安装调测光纤分布远端单元,以"单元"为计量单位。

(9) 安装检查信道板,以"载频"为计量单位。

(10) 安装调测直放站设备、GSM基站系统调测、CDMA基站系统调测、寻呼基站系统调测、GSM定向天线基站及CDMA基站联网调测、寻呼基站联网调测,以"站"为计量单位。

(11) 安装调测数据处理中心设备、操作维护中心设备(OMC),以"套"为计量单位。

(12) 调测基站控制器(编码器)以"中继"为计量单位。

第三节　通用安装工程工程量计算规范简介(GB 50856—2013)

一、通用安装工程工程量计算规范内容的组成

1. 总则

通用安装工程计价,必须按本规范规定的工程量计算规则进行工程计量;本规范适用于工业、民用、公共设施建设安装工程的计量和工程量清单编制。

2. 术语

(1) 工程量计算

工程量计算指建设工程项目以工程设计图纸、施工组织设计或施工方案及有关技术经济文件为依据,按照相关工程国家标准的计算规则、计量单位等规定,进行工程数量的计算活动,在工程建设中简称工程计量。

(2) 安装工程

安装工程指各种设备、装置的安装工程。通常包括:工业、民用设备,电气、智能化控制设备,自动化控制仪表,通风空调,工业、消防、给排水、采暖燃气管道以及通信设备安装等。

3. 工程计量的规定

(1) 计量依据

工程量计算除依据本规范各项规定外,还应依据以下文件:①经审定通过的施工设计图纸及其说明;②经审定通过的施工组织设计或施工方案;③经审定通过的其他有关技术经济文件。

(2) 计量单位的确定

规范附录中有两个或两个以上计量单位的,应结合拟建工程项目的实际情况,确定其中一个为计量单位,同一工程项目的计量单位应一致。工程计量时每一项目汇总的有效位数应遵守下列规定:①以"t"为单位,应保留小数点后三位数字,第四位小数四舍五入;②以"m""m^2""m^3""kg"为单位,应保留小数点后两位数字,第三位小数四舍五入;③以"台""个""件""套""根""组""系统"等为单位,应取整数。

(3) 本规范适用范围

① 电气设备安装工程适用于电气 10 kV 以下的工程。

② 本规范和市政工程(GB 50857—2013)的划分界限:

电气工程与市政路灯工程的界定:厂区、住宅小区的道路路灯安装工程、庭院艺术喷泉等电气设备安装工程按通用安装工程"电气设备安装工程"相应项目执行;涉及市政道路、市政庭院等电气安装工程的项目,按市政工程中"路灯工程"的相应项目执行。

本规范工业管道与市政管网的界定:给水管道以厂区入口水表井为界;排水管道以厂区围墙外第一个污水井为界;热力和燃气以厂区入口第一个计量表(阀门)为界。

给排水、采暖、燃气工程与市政管网的界定:室外给排水、采暖、燃气管道以市政管道碰头井为界;厂区、住宅小区的庭院喷灌及喷泉水设备安装按本规范相应项目执行;公共庭院喷灌

及喷泉水设备安装按现行国家标准《市政工程工程量计算规范》(GB 50857)管网工程的相应项目执行。

本规范涉及管沟、坑及井类的土方开挖、垫层、基础、砌筑、抹灰、地沟盖板预制安装、回填、运输、路面开挖及修复、管道支墩的项目，按现行国家标准《房屋建筑与装饰工程工程量计算规范》(GB 50854)和《市政工程工程量计算规范》(GB 50857)的相应项目执行。

4. 工程量清单编制

(1) 编制工程量清单依据

现行国家标准《建设工程工程量清单计价规范》(GB 50500—2013)；国家或省级、行业建设主管部门颁发的计价依据和办法；建设工程设计文件；与建设工程项目有关的标准、规范、技术资料；拟定的招标文件；施工现场情况、工程特点及常规施工方案；其他相关资料。

(2) 编制内容

包括分部分项工程量清单、措施项目清单、其他项目清单、规费和税金项目清单。

第四节 建设工程工程量清单计价规范简介(GB 50500—2013)

一、现行计价规范(GB 50500—2013)的内容组成

由正文与附录两部分组成。

正文包括总则、术语、一般规定、工程量清单编制、招标控制价、投标报价、合同价款约定、工程计量、合同价款调整、合同价款期中约定、竣工价款结算与支付、合同价款争议的解决、工程造价鉴定、工程计价资料与档案、工程计价表格共16个方面的内容，分别就"现行计价规范"的适用范围、计价方式、编制工程量清单、招标控制价、投标报价应遵循的规定、工程量计价清单活动的规则、工程量清单及其计价格式作了明确规定。

附录包括物价变化合同价款的调整方法，工程计价汇总表，分部分项工程和措施项目计价表、其他项目计价表、规费和税金项目计价表等表格。

二、建设工程工程量清单计价规范概述

1. 工程量清单

工程量清单是载明建设工程的分部分项工程项目、措施项目、其他项目、规费项目和税金项目的名称和相应数量以及规费、税金项目等内容的明细清单。

由分部分项工程量清单、措施项目清单和其他项目清单、规费项目清单、税金项目清单组成。

(1) 招标工程量清单

招标人依据国家标准、招标文件、设计文件以及施工现场实际情况编制的，随招标文件发布供投标报价的工程量清单，包括其说明和表格。

(2) 已标价工程量清单

构成合同文件组成部分的投标文件中已标明价格，经算术性错误修正(如有)且承包人已

确认的工程量清单,包括其说明和表格。

2. 综合单价

综合单价是指完成一个规定清单项目所需的人工费、材料和工程设备费、施工机具使用费和企业管理费、利润以及一定范围内的风险费用。

现行计价规范规定,工程量清单应采用综合单价计价。

3. 工程量清单的作用

在招投标阶段,招标工程量清单为投标人的投标竞争提供了一个平等和共同的基础。

工程量清单将要求投标人完成的工程项目及其相应工程实体数量全部列出,为投标人提供拟建工程的基本内容、实体数量和质量要求等信息,这使所有投标人所掌握的信息相同,受到的待遇是客观、公正和公平的。

(1) 工程量清单是建设工程计价的依据。在招投标过程中,招标人根据工程量清单编制招标工程的招标控制价;投标人按照工程量清单所表述的内容,依据企业定额计算投标价格,自主填报工程量清单所列项目的单价和合价。

(2) 工程量清单是工程付款和结算的依据。发包人根据承包人是否完成工程量清单规定内容,并按已标价工程量清单中所报的单价作为支付工程进度款和进行结算的依据。

(3) 工程量清单是调整工程量、进行工程索赔的依据。在发生工程变更、索赔、增加新的工程项目等情况时,可以选用或者参照工程量清单中的分部分项工程或计价项目与合同单价来确定变更项目或索赔项目的单价和相关费用。

(4) 工程量清单的适用范围。现行计价规范提供的工程量清单适用于建设工程发承包及实施阶段的计价活动,包括工程量清单的编制、招标控制价的编制、投标报价的编制、工程合同价款的约定、工程施工过程中计量与合同价款的支付、索赔与现场签证、竣工结算的办理和合同价款争议的解决以及工程造价鉴定等活动。

现行计价规范明确规定,使用国有资金投资的建设工程发承包项目,必须采用工程量清单计价。

4. 工程量清单的编制

工程量清单的编制依据如下:①现行计价规范和相关工程的国家计量规范;②国家或省级、行业建设主管部门所颁发的计价依据和办法;③建设工程设计文件及相关资料;④与建设工程项目相关的标准、规范、技术资料;⑤拟定的招标文件;⑥施工现场情况、地勘水文资料、工程特点及常规施工方案;⑦其他相关资料。

5. 工程量清单编制方法

工程量清单应由具备编制能力的招标人或受其委托,具有相应资质的工程造价咨询人来编制。

采用工程量清单方式招标,招标工程量清单必须作为招标文件的组成部分,其准确性和完整性由招标人负责。

(1) 分部分项工程量清单

分部分项工程量清单为不可调整的闭口清单,在投标阶段投标人对招标文件提供的分部分项工程项目清单必须逐一计价,对清单所列内容不允许进行任何更改变动。投标人如果认为清单内容有不妥或遗漏,只能通过质疑的方式由清单编制人作统一的修改更正。清单编制人应将修正后的工程量清单发往所有投标人。

分部分项工程量清单必须根据国家现行计量规范规定载明项目编码、项目名称、项目特征、计量单位和工程量计算规则进行编制。

① 项目编码

项目编码是分部分项工程量清单项目名称的数字标识。应按现行计量规范项目编码的9位数字另加3位顺序码构成。1至9位应按现行计量规范设置,10至12位应根据拟建工程的工程量清单项目名称和项目特征设置,同一招标工程的项目编码不得有重码。

各级编码代表的含义如下:

第1至2位表示专业工程分类码,如建筑工程与装饰工程为01、仿古建筑工程为02、安装工程为03、市政工程为04、园林绿化工程为05、矿山工程为06、构筑物工程为07、城市轨道交通工程为08、爆破工程为09。第3至4位表示附录分类顺序码。第5至6位表示分部工程顺序码。第7、8、9位表示分项工程项目名称顺序码。第10、11、12位表示清单项目名称顺序码,属于自编码。由工程量清单编制人员区分具体工程的清单项目特征而分别编码,并应自001起按顺序编制。

例如:

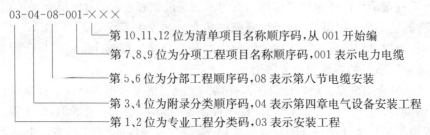

如同一标段(或合同段)的工程量清单中含有三个单位工程,每一个单位工程中都有项目特征相同的配电箱,在工程量清单中需反映三个不同单位工程的配电箱工程量时,工程量清单应以单位工程为编制对象,第一个单位工程配电箱的项目编码为030404017001,第二个单位工程配电箱的项目编码为030404017002,第三个单位工程配电箱的项目编码为030404017003,并分别列出各单位工程配电箱的工程量。

② 项目名称

分部分项工程量清单项目的名称应按现行计量规范的项目名称结合拟建工程的实际确定。分项工程量清单的项目名称一般以工程实体而命名,项目名称如有缺项,编制人应做补充,并报省级或行业工程造价管理机构备案。补充项目的编码由现行相关计量规范的专业工程代码X(即01—09)与B和三位阿拉伯数字组成,并应从XB001起顺序编制,同一招标工程的项目不得重码。分部分项工程项目清单中应附补充项目名称、项目特征、计量单位、工程量计算规则、规则内容。

③ 项目特征

项目特征是确定分部分项工程项目清单综合单价的重要依据,在编制分部分项工程项目清单时,必须对项目特征进行准确和全面的描述。

但有的项目特征用文字往往又难以准确和全面的描述清楚,因此为达到规范、简捷、准确、全面描述项目特征的要求,在描述工程量清单项目特征时应按以下原则进行:项目特征描述的内容应按现行相关计量规范附录中的规定,结合拟建工程的实际,能满足确定综合单价的需要。若采用标准图集或施工图纸能够全部或部分满足项目特征描述的要求,项目特征描述可直接采用详见××图集或××图号的方式。但对不能满足项目特征描述要求的部分,仍应用文字描述。

④ 计量单位

分部分项工程项目清单的计量单位应按现行相关计量规范附录中规定的计量单位确定。

⑤ 工程量计算

现行相关计量规范明确了清单项目的工程量计算规则,其工程量是以形成工程实体为准,并以完成后的净值来计算的。这一计算方法避免了因施工方案不同而造成计算的工程量大小各异的情况,为各投标人提供了一个公平的平台。

以"吨"为计量单位的应保留小数点 3 位,第四位小数四舍五入;以"立方米""平方米""米""千克"为计量单位的应保留小数点 2 位,第三位小数四舍五入;以"项""个"等为计量单位的应取整数。

(2) 措施项目清单

措施项目清单为可调整清单,投标人对招标文件中所列项目,可根据企业自身特点做适当的并更增减。投标人要对拟建工程可能发生的措施项目和措施费用通盘考虑,清单一经报出,即被认为是包括了所有应该发生的措施项目的全部费用。如果报出的清单中没有列项,且施工中又必须发生的项目,业主有权认为,其已经综合在分部分项工程量清单的综合单价中,将来措施项目发生时投标人不得以任何借口提出索赔和调整。

对能计量的措施项目(即单价措施项目),同分部分项工程量一样,编制措施项目清单时,应对应列出项目编码、项目名称、项目特征、计量单位,并按现行相关计量规范附录(措施项目)的规定执行。

对不能计量的措施项目(即总价措施项目),措施项目中仅列出项目编码、项目名称,但未列出项目特征、计量单位的项目,编制措施项目清单时,应按现行相关计量规范附录(措施项目)的规定执行。

(3) 其他项目清单

其他项目清单是指因招标人的特殊要求而发生的与拟建工程有关的其他费用项目和相应数量的清单,应根据拟建工程的具体情况列项。

① 暂列金额。暂列金额是招标人在工程量清单中暂定并包括在合同价款中的一笔款项。中标人只有按照合同约定程序,实际发生了暂列金额所包含的工作,才能得到相应金额,纳入合同结算价款中。扣除实际发生金额后的暂列金额仍属于招标人所有。

② 暂估价。暂估价包括材料暂估价、工程设备暂估价和专业工程暂估价。暂估价中的材料、工程设备暂估单价应根据工程造价信息或参照市场价格估算,列出明细表;专业工程暂估价应分不同专业,按有关计价规定估算,列出明细表。

③ 计日工。计日工是为了解决现场发生的零星工作的计价而设立。所谓零星工作一般是指合同约定之外的或者因变更而产生的、工程量清单中没有相应项目的额外工作,尤其是那些时间不允许事先商定价格的额外工作。

④ 总承包服务费。总承包服务费是为了解决招标人在法律、法规允许的条件下进行专业工程发包,以及自行供应材料、设备并需要总承包人对发包的专业工程提供协调和配合服务(如分包人使用总包人的脚手架、水电接驳等);对供应的材料、设备提供收、发和保管服务以及

进行施工现场管理时发生,并向总承包人支付的费用。

⑤ 规费项目清单。规费是指按国家法律、法规规定,由省政府和省级有关权力部门规定必须缴纳或计取的费用。包括社会保险费、住房公积金、工程排污费。

⑥ 税金项目清单。税金是指国家税法规定,应计入建筑安装工程造价内的增值税销项税额以及附加税。

财政部、国家总税务局《关于全面推开营业税改征增值税试点的通知》(财税〔2016〕36号)、住房与城乡建设部《关于做好建筑业营改增建设工程计价依据调整准备工作的通知》(建办标函〔2016〕4号)等文件规定;建筑业营业税改征增值税四川省建设工程计价依据调整办法,详见川建造价发〔2016〕349号文件——四川省住房和城乡建设厅关于印发《建筑业营业税改征增值税四川省建设工程计价依据调整办法》的通知。

三、工程量清单的计价

根据现行计价规范规定,建设项目采用工程量清单计价、建筑安装工程费由分部分项工程费、措施项目费、其他项目费、规费和税金组成。

1. 工程量清单计价概念

工程量清单计价是指在建设工程招标投标中,招标人按国家统一的《建设工程工程量清单计价规范》的要求以及施工图,提供项目实物工程量,由投标人依据工程量清单、施工图、市场价格企业自主报价的工程造价计价方式,包括招标控制价、投标价、工程结算价等。这种计价方式和计价过程体现了企业对工程价格的自主性,有利于市场竞争机制的形成,符合市场经济条件下工程价格由市场形成的原则。

2. 招标控制价、投标价、工程结算价计算方法

分部分项工程费 $= \sum$ 分部分项工程量 $\times$ 分部分项工程综合单价

措施项目费 $= \sum$ 措施项目工程量 $\times$ 措施项目综合单价 $+ \sum$ 单项措施费

单位工程税前造价 $=$ 分部分项工程费 $+$ 措施项目费 $+$ 其他项目费 $+$ 规费

单位工程造价 $=$ 分部分项工程费 $+$ 措施项目费 $+$ 其他项目费 $+$ 规费 $+$ 销项增值税额

单项工程造价 $= \sum$ 单位工程造价

建设项目造价 $= \sum$ 单项工程造价

四、工程量清单计价主要表格

工程量清单计价表格为现行计价规范中的附录B~附录L,包括了工程量清单、招标控制价、投标报价、竣工结算和工程造价鉴定等各个阶段计价使用的5种封面22种(类)表样。其使用的表格和其他表格详见2013清单计价规范。

单元小结

定额是一种规定的额度,预算定额是工程建设中,在正常的施工技术和施工组织条件下,完成一定计量单位的分部分项工程所规定消耗的人工、材料和机械台班等资料的数量标准,是计算建筑安装产品价格的基础,反映了工程建设与各种资源消耗之间的客观规律。《全国通用安装消耗量定额》2015版是建设部批准的通用安装工程预算定额,是编制施工图预算、招标控制价,确定工程造价的依据,也是建筑安装企业投标报价的依据,同时也是各地区编制安装工程定额或单位估价表的基础,目前,我国各地区都有自己编制的定额。2015四川省建设工程工程量清单计价定额(通用安装工程)一共有四册。由总说明、目录、分册说明、分章说明、工程量计算规则和定额表组成;同时对GB 50500—2013工程量清单计价规范和GB 50856—2013通用安装计算规范的组成、主要内容做了介绍,在学习过程中要注意理解其中的概念,以及工程量计算规则、工程量清单的编制方法和工程量清单计价的各类表格的运用。掌握定额工程量和清单工程量的作用、计算依据和方法,从而掌握它们的区别和联系。

复习思考题

(1) 如何正确套用定额?有哪几种换算类型?各有什么特点?
(2) 通用安装工程中,未计价材料指的是什么?任意找出三个定额中的未计价材料。
(3) 什么是工程量清单?什么是工程量清单计价?
(4) 工程量清单的编制依据和作用是什么?由哪些部分组成?
(5) 什么是综合单价?

第三章 给排水、采暖、燃气工程量计算

> **知识重点**
>
> 1. 掌握给排水、采暖、燃气工程内容。
> 2. 掌握给排水、采暖、燃气工程施工图的识读方法。
> 3. 给排水、采暖、燃气工程定额工程量的计算方法。

> **基本要求**
>
> 1. 能够识读给排水、采暖、燃气工程施工图纸。
> 2. 理解定额规则,掌握给排水、采暖、燃气工程列项及工程量计算方法。
> 3. 培养学生手工计算给排水、采暖、燃气工程工程量的计算能力。

第一节 给排水、采暖、燃气工程基础知识

一、给排水工程

给排水工程分类如图 3-1 所示。

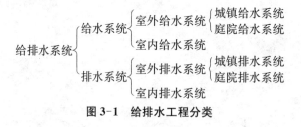

图 3-1 给排水工程分类

1. 室内给水系统

（1）分类

室内给水系统按用途可分为生活给水系统、生产给水系统及消防给水系统。各给水系统可以单独设置,也可以采用合理的共用系统。

（2）给水方式

给水方式与建筑物的高度、性质、用水安全性、是否设消防给水、室外给水管网所能提供的水量及水压等因素有关。

① 直接给水方式。

② 单设水箱的给水方式。
③ 设贮水池、水泵的给水方式。
④ 设水泵、水箱的给水方式。
⑤ 竖向分区给水方式。
(3) 组成

如图 3-2 所示，室内给水系统由引入管（进户管）、水表节点、管道系统（干管、立管、支管）、给水附件（阀门、水表、配水龙头）等组成。当室外管网水压不足时，还需要设置加压贮水设备（水泵、水箱、贮水池、气压给水装置等）。

(4) 给水管网的布置方式

给水系统按给水管网的敷设方式不同，可以布置成下行上给式、上行下给式和环状供水式三种管网方式。

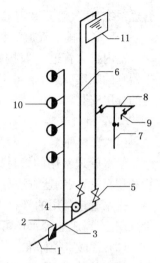

图 3-2 室内给水系统图
1—引入管（进户管）；
2—水表井；3—水平干管；
4—水泵；5—主控制阀；
6—立干管；7—立支管；
8—水平支管；9—水嘴；
10—消火栓；11—水箱

(5) 室内给水管道安装

室内给水管道的敷设有明装或暗装两种形式。明装时，管道沿墙、梁、柱、天花板、地板等处敷设。暗装时，给水管道敷设于吊顶、技术层、管沟和竖井内。暗装时应考虑管道及附件的安装、检修可能性，如吊顶留活动检修口，竖井留检修门。

给水管道的安装顺序应按引入管、水平干管、立管、水平支管安装，亦即按给水的水流方向安装。

(6) 管道防护及水压试验

① 管道防腐。为防止金属管道锈蚀，在敷设前应进行防腐处理。
② 管道防冻、防结露。其方法是对管道进行绝热，由绝热层和保护层组成。
③ 水压试验。给水管道安装完成确认无误后，必须进行系统的水压试验。室内给水管道试验压力为工作压力的 1.5 倍，但是不得小于 0.6 MPa。
④ 管道冲洗、消毒。生活给水系统管道试压合格后，应将管道系统内存水放空。各配水点与配水件连接后，在交付使用之前必须进行冲洗和消毒。

2. 室内排水系统

(1) 分类

根据所接纳的污废水类型不同，可分为生活污水系统、工业废水系统和屋面雨水系统三类。生活污水系统是收集排除居住建筑、公共建筑及工厂生活间生活污水的管道，可分为粪便污水系统和生活废水系统。工业废水系统是收集排除生产过程中所排出的污废水，污废水按污染程度分为生产污水排水系统和生产废水排水系统。屋面雨水系统是收集排除建筑屋面上雨、雪水的管道。

(2) 排水体制

建筑排水体制分合流制和分流制。采用何种方式，应根据污废水性质、污染情况结合室外排水系统的设置、综合利用及水处理要求等确定。

(3) 组成

室内排水系统的基本要求是迅速通畅地排除建筑内部的污废水，保证排水系统在气压波动下不致使水封破坏。如图 3-3 所示，其组成包括卫生器具或生产设备受水器、存水弯、排水管道系统、通气管系和清通设备等。

（4）室内排水管道安装

室内排水管道一般按排出管、立管、通气管、支管和卫生器具的顺序安装，也可以随土建施工的顺序进行排水管道的分层安装。

3. 管材与连接

（1）管材种类

给水管道常用的管材按制造材质分，可分为钢管、铸铁管和塑料管；按制造方法分，可分为有缝管和无缝管。

排水管道常用的管材主要有排水铸铁管、排水塑料管、带釉陶土管，工业废水还可用陶瓷管、玻璃钢管、玻璃管等。

（2）管材直径标准

为了使管道、管件和阀门之间具有互换性，而规定的一种通用直径，称其为公称直径，用 DN 表示，单位是 mm。公称直径是控制管材设计及制造规格的一种标准直径，管材的公称直径与管内径相接近，但它既不等于管道或配件的实际内径，也不等于管道或配件的外径，而只是一种公认的称呼直径。不论管道或配件的内径和外径为多大，只要公称直径一样，就能相互连接，且具有互换性。

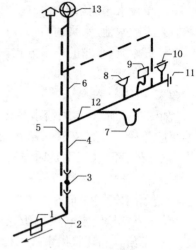

图 3-3　室内排水系统图
1—检查井；2—排出管；
3—检查口；4—排水立管；
5—排气管；6—透气管；
7—大便器；8—地漏；9—脸盆；
10—地面扫除口；11—清通口；
12—排水横管；13—透气帽

（3）连接方式

管道的连接方式有螺纹连接、焊接、承插连接、法兰连接、卡箍连接、热熔连接、粘接等。不同材质管道的连接方式有：

① 镀锌钢管：螺纹连接。

② 钢管：螺纹连接、焊接。

③ 铸铁管：承插连接。

④ 塑料管：粘接、热熔连接、电熔连接、承插连接、螺纹连接。

⑤ 复合管：卡箍连接、卡套连接、法兰连接、热熔连接。

4. 常用管件

管件是指管道的接头零件。管件常见的种类有：① 连接管段的管件；② 变径的管件；③ 变换管段方向、转弯的管件；④ 增设支线，分支连接的管件；⑤ 清通管件；⑥ 封闭管段、堵口。

二、采暖工程

1. 组成

所有的采暖系统都由热源（热媒制备）、热网（热媒输送）和散热设备（热媒利用）三个主要部分组成，如图 3-4 所示。目前最广泛应用的热源是锅炉房和热电厂，此外也可以利用核能、地热、太阳能、电能、工业余热作为采暖系统的热源；热网是由热源向热用户输送和分配供热介质的管道系统；散热设备是将热量传至所需空间的设备。采暖系统可以分为：

（1）局部采暖系统

热源、热网及散热设备三个主要组成部分在一起的供暖系统，称为局部供暖系统。如火炉采暖、用户燃气供暖、电加热器采暖等。

(2) 集中采暖系统

热源和散热设备分开设置,由管网将它们连接,由热源向各个房间或各个建筑物供给热量。集中采暖系统按照采暖热媒可以分为:

① 热水采暖系统。热媒为热水,利用水的显热来输送热。

② 蒸汽采暖系统。热媒为蒸汽,利用水的潜热来输送热。

③ 热风采暖系统。热媒为空气,将热风直接送入供暖点及空间。

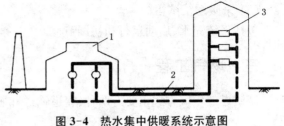

图 3-4 热水集中供暖系统示意图
1—锅炉房;2—输热管道;3—散热器

2. 用户采暖系统的组成和分类

(1) 采暖系统的组成

室内采暖系统(以热水采暖系统为例),一般由主立管、水平干管(供水干管、回水干管)、支立管、散热器回水横支管、散热器、排气装置、阀门等组成。如图 3-5 所示。

热水由入口经主立管、供水干管、各支立管、散热器供水支管进入散热器,放出热量后经散热器回水支管、立管、回水干管流出系统。排气装置用于排除系统内的空气,阀门起调节和启闭作用。

(2) 采暖系统的分类

① 按热媒种类分类,采暖系统可分为热水采暖系统、蒸汽采暖系统和热风采暖系统。

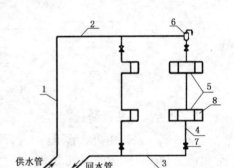

图 3-5 室内热水采暖系统示意图
1—主立管;2—供水干管;3—回水干管;
4—支立管;5—散热器回水横支管;
6—排气装置;7—阀门;8—散热器

② 按供、回水方式分类,可分为上供下回式、上供上回式、下供下回式、下供上回式和中供式系统。

③ 按散热器连接方式分类,热水采暖系统可分为垂直式与水平式系统。垂直式采暖系统是不同楼层的各组散热器用垂直立管连接的系统,一根立管可以在一侧或两侧连接散热器。水平式采暖系统是同一楼层的散热器用水平管线连接的系统,便于分层控制和调节。

④ 按连接散热器的管道数量分类,热水采暖系统可分为单管系统与双管系统。用一根管道将多组散热器依次串联起来的系统为单管系统,用两根管道将多组散热器相互并联起来的系统为双管系统。

⑤ 按并联环路水的流程分类,可将采暖系统划分为同程式系统与异程式系统。各环路总长度不相等的系统为异程式系统,各环路总长度基本相等的系统为同程式系统。

3. 采暖系统清洗、试压及试运行

(1) 采暖系统清洗

热水采暖系统用清水冲洗,如系统较大、管路较长,可分段冲洗。蒸汽采暖系统可用蒸汽吹洗,从总汽阀开始分段进行,一般设一个排气口,排气管接到室外安全处。

(2) 采暖系统试压

室内采暖系统试压可以分段试压,也可以整个系统试压。采暖系统的试验压力一般按设计要求进行,若设计无明确规定时,可按相关规范的规定执行。

（3）采暖系统试运行

包括系统充水、启动运行和初调节。

三、燃气工程

城镇燃气供应方式主要有两种：管道输送和瓶装供应。

1. 燃气供应系统

现代城市燃气供应系统是复杂的综合设施，燃气供应系统应能保证不间断、可靠地向用户供应燃气，在运行管理方面应是安全的，在维修检测方面应是简便的。燃气供应系统主要由气源、输配系统和用户三部分组成。如图3-6所示。

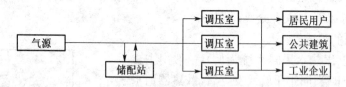

图3-6 燃气供应系统示意图

2. 室内燃气系统的组成

室内燃气系统由进户管道（引入管）、户内管道（干、立、支管）、燃气表和燃气用具设备四部分组成。如图3-7和图3-8所示。

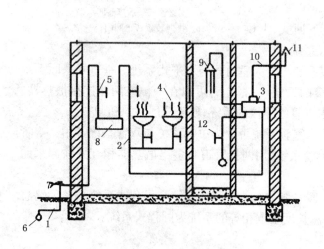

1—进户管道；2—户内管道；3—燃气表；4—燃气灶炉；
5—热水器；6—外网；7—三通及丝堵；8—开闭阀；
9—莲蓬头；10—抽烟管；11—伞帽；12—冷水阀

图3-7 室内燃气管道组成图（1）

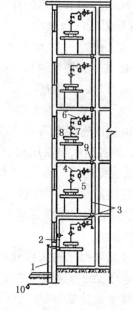

1—用户引入管；2—引入口总阀；
3—水平干管及立管；4—用户支管；
5—计量表；6—软管；7—用具连接管；
8—用具；9—套管；10—分配管道

图3-8 室内燃气管道组成图（2）

(1) 进户管道(引入管)

自室外管网至用户总开闭阀门为止,这段管道称为进户管道(引入管)。

引入管直接引入用气房间(如厨房)内,但不得敷设在卧室、浴室、厕所。当引入管穿过房屋基础或管沟时,应预留孔洞,加套管,其间隙用油麻、沥青或环氧树脂填塞;引入管应尽量在室外穿出地面,然后再穿过墙进入室内。在立管上设三通、丝堵来代替弯头。

(2) 室内管道

自用户总开闭阀门起至燃气表或用气设备为止,这段管道称为室内管道。室内管道分为水平干管、立管、用户支管等。

(3) 燃气表

居民家庭用户应装一只燃气表;集体、企业、事业用户,每个单独核算的单位最少应装一只燃气表。

(4) 燃气用具设备

常用燃气用具设备有燃气灶具、燃气热水器、燃气开水炉、燃气采暖炉、燃气沸水器、气嘴等。

① 燃气灶具。燃气灶具进气口与燃气表的出口(或出口管)以橡胶软管连接。

② 燃气热水器。燃气热水器类型包括直排式、烟道式、平衡式。

③ 燃气加热设备。燃气加热设备包括燃气开水炉、燃气采暖炉、燃气沸水器、消毒器。

(5) 长距离输送燃气系统附属设备

① 凝水器。设置在输气管线上,用以收集、排除燃气的凝水。按构造分为封闭式和开启式两种。

② 补偿器。常用在架空管、桥管上,用以调节因环境温度变化而引起的管道膨胀与收缩。补偿器形式有套筒式补偿器和波形管补偿器,埋地铺设的聚乙烯管道长管段上通常设置套筒式补偿器。

③ 过滤器。通常设置在压送机、调压器、阀门等设备进口处,用以清除燃气中的灰尘、焦油等杂质。过滤器的过滤层用不锈钢丝网或尼龙网组成。

3. 管道的吹扫、试压、涂漆

(1) 管道的吹扫

燃气管在安装完毕、压力试验前应进行吹扫,吹扫介质为压缩空气,吹扫流速不宜低于 20 m/s,吹扫压力不应大于工作压力。吹扫应反复数次,直至吹净,在管道末端用白布检查无污染为合格。

(2) 试压

室内燃气管道安装完毕后必须按规定进行强度和严密性试验,试验介质宜采用空气,严禁用水。

① 强度试验范围

a. 居民用户为引入管阀门至燃气计量表进口阀门(含阀门)之间的管道。

b. 工业企业和商业用户为引入管阀门至燃具接入管阀门(含阀门)之间的管道。

② 严密性试验范围:应为用户引入管阀门至燃具接入管阀门(含阀门)之间的管道。

(3) 涂漆

燃气管道应涂以黄色的防腐识别漆。

四、《给排水、采暖、燃气工程定额》分册说明释解

1. 适用范围

适用于新建、扩建项目的生活用给水、排水、燃气、采暖热源管道以及附件配件安装,小型容器制作安装。

2. 关于下列各项费用的规定

(1) 脚手架搭拆费按定额人工费的5%,其中人工工资占25%,作为单价措施费计入。

(2) 采暖工程系统调整费按采暖工程定额人工费的14%计算,其中人工工资占20%。

(3) 空调水工程系统调试费按空调水工程人工费的15%计算,其中人工费占25%。

(4) 超高增加费:本定额中工作物操作高度均以3.6 m为界限,如超过3.6 m时,按其超过部分(指由3.6 m到操作物高度)的定额人工费乘以表3-1中系数,归入定额单价换算。

表3-1 超高增加费系数表

标高±m	3.6~8	3.6~12	3.6~16	3.6~20
超高系数	1.10	1.15	1.20	1.25

(5) 高层建筑增加费:凡檐口高度>20 m的工业与民用建筑按表3-2计算(全部为定额人工费),作为单价措施费计入。

表3-2 高层建筑增加费率表

檐口高度	≤30 m	≤40 m	≤50 m	≤60 m	≤70 m	≤80 m	≤90 m	≤100 m	≤110 m
按人工费的%	2	3	4	6	8	10	13	16	19
檐口高度	≤120 m	≤130 m	≤140 m	≤150 m	≤160 m	≤170 m	≤180 m	≤190 m	≤200 m
按人工费的%	22	25	28	31	34	37	40	43	46

3. 本分册和相关分册关系

(1) 工业管道、生产生活共用的管道、锅炉房和泵内配管以及高层建筑物内加压泵间的管道,执行《工业管道工程》相应项目。

(2) 刷油、防腐蚀、绝热工程执行《刷油、防腐蚀、绝热工程》相应项目。

(3) 室外埋地管道的土方及砌筑工程应按《建筑工程》相关项目执行;室内埋地管道的土方应套用本定额相关项目。

(4) 各类泵、风机等传动设备安装执行《机械设备安装工程》相关项目。

(5) 锅炉安装,执行《热力设备安装工程》相应项目。

(6) 消火栓、水泵结合器安装执行《消防工程》相应项目。

(7) 压力表、温度计执行《自动化控制仪表安装工程》相应项目。

本定额的工作内容除各章节已说明的工序外,还包括工种间交叉配合的停歇时间、临时移动水电源、配合质量检查和施工地点范围内的设备、材料、成品、半成品、工器具的运输等。

第二节　给排水、采暖、燃气工程量计算

给排水、采暖、燃气工程适用于新建、扩建项目的生活用给水、排水、燃气、采暖热源管道以及附件配件安装，小型容器制作安装。给排水、采暖、燃气工程定额工程量的计算，包括给排水、采暖、燃气管道、支架及其他、管道附件、卫生器具、供暖器具、采暖、给排水设备、燃气器具及其他、辅助项目等内容。

一、给排水、采暖、燃气管道

1. 适用范围及界线划分

(1) 适用范围

适用于室内外生活用给水、排水、雨水、采暖热源管道、燃气管道安装。

(2) 与其他相关工程的界线划分

① 给水管室内外界线划分：以建筑物外墙皮 1.5 m 为界，入口处设阀门者以阀门为界；与市政给水管道的界限，应以水表井为界，无水表井者，应以与市政给水管碰头点为界。

② 排水管道室内外界线划分：应以出户第一个排水检查井为界；室外排水管道与市政排水界线应以与市政管道碰头井为界。

③ 采暖热源管道室内外界线划分：应以建筑物外墙皮 1.5 m 为界，入口处设阀门者应以阀门为界；工业管道界线应以锅炉房或泵站外墙皮 1.5 m 为界；工厂车间内采暖管道以采暖系统与工业管碰头点为界；设在高层建筑内的加压泵间管道以泵间外墙皮为界。

2. 工程量计算规则

按设计图示管道中心线长度以延长米计算，不扣除阀门、管件(包括减压器、疏水器、水表、伸缩器等组成安装)及各种井类所占的长度；方形伸缩器以其所占长度按管道安装工程量计算。

【例 3-1】　计算如图 3-9 所示单管顺流式立管长度。

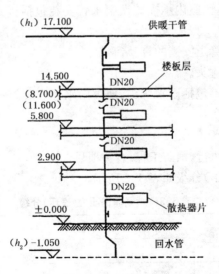

图 3-9　单管顺流式采暖系统图

【解】 DN20 立管长度 = $17.10 - (-1.05) + 2 \times 0.06 - 0.642 \times 6 = 14.42$ m

【例 3-2】 计算如图 3-10 所示双管式立管长度。

【解】 (1) 供水立管 DN20：$17.71 - 6.00 - 0.642 - 0.20 + 3 \times 0.06 = 11.05$ m

(2) 供水立管 DN15：$6.00 + 2 \times 0.06 = 6.12$ m

(3) 回水立管 DN20：$15.00 - 6.00 = 9.00$ m

(4) 回水立管 DN15：$6.00 + 0.02 - 0.10 = 6.10$ m

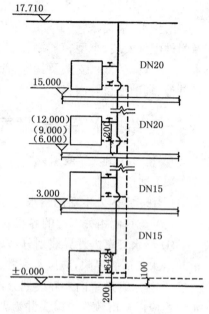

图 3-10 双管式采暖系统图

3. 工程内容

(1) 本章包括以下工程内容：

① 管道及接头零件安装。

② 给水管道包括水压试验，管道消毒、冲洗。

③ 排水管道包括灌水试验。

④ 燃气管道包括泄漏试验。

⑤ 钢管安装包括弯管制作与安装(伸缩器除外)，无论是现场煨制或成品弯管均不得换算。

⑥ 铸铁排水管、塑料排水管、铸铁雨水管、塑料雨水管安装均包括管卡及吊托支架、透气帽、雨水漏斗的制作安装，但檐口高度大于 30 m 的建筑允许对支架进行调整。

⑦ 室内各种镀锌钢管、钢管安装均包括管卡、吊托支架制作安装及支架除锈、刷油，不得另计。DN>32 室内管道其吊托支架的材料费应按定额用量表另计。

⑧ 各种给水塑料管及给水复合管如使用型钢支架，型钢支架另计。

(2) 本章不包括以下工程内容：

① 室外管道沟土方挖填及管道基础。

② 管道安装中不包括法兰、阀门及伸缩器的制作安装，执行时按相应项目另计。

③ 室外承插铸铁给水管、室内承插铸铁雨水管安装包括接头零件所需人工，但接头零件数量按实计算，价格另计。

④ 非同步施工的室内管道安装的打、堵洞眼。

⑤ 室外管道所有带气碰头。

⑥ 各种雨水管安装均不包括雨水弯头、地坪雨水斗安装，普通雨水斗适用于各种材质的雨水斗安装。

4. 相关问题及说明

(1) 消防管道安装，应执行《消防工程》有关项目。

(2) 燃气输送压力(表压)分级如表 3-3 所示。

表 3-3 燃气输送压力(表压)分级

名称	低压燃气管道	中压燃气管道		高压燃气管道	
		B	A	B	A
压力(MPa)	$P \leq 0.005$	$0.005 < P \leq 0.2$	$0.2 < P \leq 0.4$	$0.4 < P \leq 0.8$	$0.8 < P \leq 1.6$

二、支架及其他

1. 管道支架制作安装:按设计图示质量计算
(1) 不包括除锈、刷油。
(2) 单件支架质量 100 kg 以上的管道支吊架执行设备支架制作安装,单件支架质量 100 kg 以下的管道支吊架执行管道支架制作安装。
2. 套管制作安装:以"个"为计量单位
铁皮套管(穿墙或过楼板)安装已包括在管道安装项目内,其制作以"个"为单位,另行计算。

三、管道附件

1. 关于管道附件

管道附件是对安装在管道及设备上的启闭和调节装置的总称。管道附件一般分为配水附件和控制附件两大类。

2. 工程量计算规则
(1) 阀门安装:以"个"为计量单位。
① 法兰阀门安装包括法兰盘、带帽螺栓等安装。
② 自动排气阀安装包括支架制作安装。
③ 浮球阀安装包括联杆及浮球安装。
(2) 减压器、疏水器组成安装:以"组"为计量单位。
① 减压器安装按高压侧的直径计算。
② 包括法兰盘、带帽螺栓等安装所需人工费及材料费。
(3) 除污器(过滤器)安装:以"个"为计量单位。
(4) 伸缩器制作安装:以"个"为计量单位。
方形伸缩器的两臂,按臂长的 2 倍合并在管道长度内计算。
(5) 软接头安装:以"个"为计量单位。
(6) 法兰安装:以"副"为计量单位。
包括紧螺栓的人工费及螺栓本身的材料费。
(7) 倒流防止器组成与安装:以"组"为计量单位。
(8) 水表安装:以"组"为计量单位。
包括法兰盘、带帽螺栓等安装所需人工费及材料费。
(9) 热量表安装:以"组"为计量单位。
(10) 表箱安装:以"个"为计量单位。
(11) 塑料排水管消声器:以"个"为计量单位。
(12) 浮标液面计制作安装:以"组"为计量单位。
(13) 浮漂水位标尺:以"套"为计量单位。

3. 其他问题及说明
湿式自动报警阀、水流指示器、流量孔板及喷淋头安装,套用《消防工程》有关项目。

四、卫生器具

1. 关于卫生器具

(1) 盆类卫生器具：包括浴缸、净身盆、洗脸盆、洗涤盆、化验盆，如图3-11和图3-12所示。

(2) 器类卫生器具：包括大便器、小便器、烘手器、淋浴器，如图3-13、图3-14和图3-15所示。

(3) 其他类卫生器具：包括其他成品卫生器具、排水栓、地漏、地面扫除口和小便槽冲洗管等。

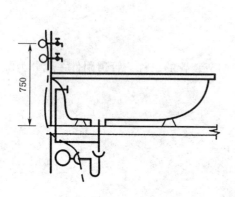

图3-11 浴盆安装示意图

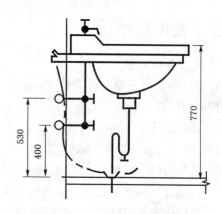

图3-12 洗脸盆安装示意图

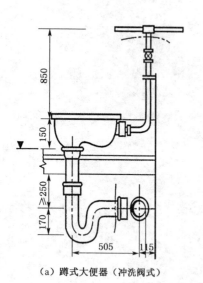

(a) 蹲式大便器（冲洗阀式） (b) 蹲式大便器（高水箱式）

图3-13 蹲式大便器安装示意图

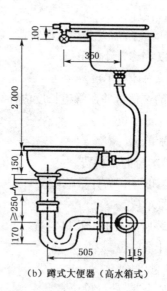

图3-14 坐式大便器安装示意图

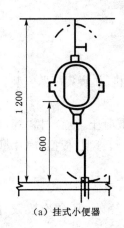 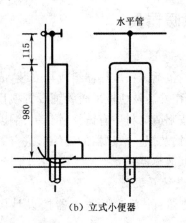

（a）挂式小便器　　　　　　（b）立式小便器

图 3-15　小便器安装示意图

2. 工程量计算规则

（1）卫生器具组成安装：以"组"为计量单位。

① 包括：给水附件如水嘴、阀门、喷头等和排水配件如存水弯、排水栓、下水口等以及配备的连接管等。

② 浴盆安装不包括：浴盆支座和浴盆周边的砌砖及粘贴瓷砖。

③ 蹲式大便器安装，已包括了固定大便器的垫砖，但不包括大便器的蹲台砌筑。

④ 所有卫生器具安装项目，均参照《全国通用给水排水标准图集》S151、S342 及《全国通用采暖通风标准图集》T905、T906 编制。

（2）大、小便槽自动冲洗水箱：分制作和安装，制作以"kg"为计量单位，安装以"套"为计量单位。

包括：水箱托架的制作安装。

（3）给、排水附（配）件

① 水龙头安装：以"个"为计量单位。

② 排水栓安装：以"组"为计量单位。

③ 地漏安装：以"个"为计量单位。

④ 地面扫除口安装：以"个"为计量单位。

⑤ 雨水斗安装：以"个"为计量单位。

⑥ 小便槽冲洗管制作安装：以"m"为计量单位。

不包括：阀门安装。

（4）蒸汽-水加热器安装：以"套"为计量单位。

包括：莲蓬头安装。

不包括：支架制作安装及阀门、疏水器安装。

（5）冷热水混合器安装：以"套"为计量单位。

不包括：支架制作安装及阀门安装。

（6）饮水器安装：以"台"为计量单位。

（7）隔油器安装：以"个"为计量单位。

五、供暖器具

1. 关于供暖器具

供暖器具包括铸铁散热器组成与安装、成品散热器、暖风机、热媒集配器安装、光排管散热器、集气罐制作安装及地板采暖管铺设等项目。

散热器按制造的材质有铸铁、钢、铝、铜以及塑料、陶土、混凝土、复合材料等,其中常用的材质为铸铁、钢及铝。散热器的结构形式有翼型、柱型、柱翼型、管型、板型、串片型等,常用的为柱型和翼型散热器。

2. 工程量计算规则

(1) 散热器:除光排管散热器按设计图示排管长度计算外,其余均按设计图示数量计算。

① 铸铁散热器组成与安装包括:散热器托架和拉条制作安装。
② 翅片管散热器安装包括:防护罩安装。
③ 光排管散热器制作安装包括:联管(支撑管)所用工料。

(2) 暖风机:以"台"为计量单位。

不包括:支架制作安装。

(3) 地板采暖管铺设:按设计图示采暖房间净面积以"m^2"计算。如为区域采暖时,以敷设采暖管区域的实际面积计算,若卫生间设置浴缸,应扣除浴缸所占面积。

① 管道含量包括:由分集水器出口到采暖房间的管道。
② 工作内容包括:地面浇注配合用工。

(4) 热媒集配器安装:以"组"为计量单位。

包括:一个分水器、一个集水器的安装及与进出水管连接。

不包括:阀门、过滤器等附件。

(5) 集气罐:分制作和安装,以"个"为计量单位。

六、采暖、给排水设备

1. 关于采暖、给排水设备

采暖、给排水设备包括变频给水设备、太阳能集热装置、地源(水源)热泵机组、水处理器、水质净化器、水箱自洁器、紫外线杀菌设备、热水器、开水炉及水箱安装等项目。

2. 工程量计算规则

(1) 各种采暖、给排水设备:均按设计图示数量计算

① 变频给水设备、稳压给水设备、无负压给水设备:以"组"为计量单位。

变频泵组安装包括:主泵、备用泵及与其相连的阀门、软接头、集流管等附件安装。

② 气压罐、真空消除器、隔膜罐安装:以"台"为计量单位。

气压罐安装包括:设备本体及与其相连的阀门等附件安装。

③ 太阳能集热装置安装

包括:底座及支架安装、与进出水管连接。

a. 整体式太阳能集热器安装:以"台"为计量单位。

b. 集中式太阳能集热器安装:按集热板面积,以"m²"为计量单位。

c. 太阳能集热器安装:以"个"计算为计量单位。

④ 地源(水源)热泵机组安装:以"台"为计量单位。

不包括:接管及接管上的阀门、软接头、减震装置和基础。

⑤ 水处理器:以"台"为计量单位。

⑥ 水质净化器、水箱自洁器安装:以"台"为计量单位。

⑦ 紫外线杀菌设备安装:以"台"为计量单位。

⑧ 电热水器、电开水炉安装:以"台"为计量单位。

不包括:连接管、连接件等。

⑨ 容积式热交换器安装:以"台"为计量单位。

不包括:安全阀安装、保温与基础砌筑。

⑩ 消毒器、消毒锅安装:以"台"为计量单位。

⑪ 饮水器安装:以"台"为计量单位。

不包括:阀门和脚踏开关安装。

(2) 钢板水箱

① 钢板水箱制作:按施工图所示尺寸,不扣除人孔、手孔重量,以"kg"为计量单位。

不包括:法兰和短管水位计、内外人梯、水箱连接管和水箱支架制作安装。

② 钢板水箱安装:以"个"为计量单位。

3. 工作内容

采暖、给排水设备安装中均未包括设备支架或底座制作安装、设备本体保温、减震装置及随设备配备的各种控制箱(柜)、电气接线及电气调试等。

七、燃气器具及其他

1. 关于燃气器具及其他

燃气器具及其他包括燃气采暖炉、热水器、燃气表、灶具、调压装置、燃气过滤器及流量计安装、引入口砌筑等项目。

2. 工程量计算规则

(1) 燃气器具安装:按设计图示数量计算。

包括:随器具配备的燃气接管、附件及烟囱连接。

① 燃气开水炉:以"台"为计量单位。

② 燃气采暖炉:以"台"为计量单位。

③ 燃气沸水器、消毒器:以"台"为计量单位。

④ 燃气热水器:以"台"为计量单位。

⑤ 燃气表:以"块"为计量单位。

包括:表托盘、托架制作安装。

不包括:燃气表支座制作安装(流量在 25 m³/h 以上的燃气表安装)及表托、支架、表底垫层基础的安装。

⑥ 燃气灶具安装:以"台"为计量单位。

(2) 燃气附件安装:按设计图示数量计算。

① 气嘴安装：以"个"为计量单位。
② 调压器安装：以"个"为计量单位。
③ 燃气过滤器安装：以"个"为计量单位。
④ 流量计安装：以"台"为计量单位。
⑤ 燃气抽水缸安装
a. 铸铁抽水缸安装：以"m"为计量单位。
b. 碳钢抽水缸安装：以"个"为计量单位。
⑥ 燃气管道调长器：以"个"为计量单位。
包括：一副法兰安装。
⑦ 调压箱、调压装置安装：以"台"为计量单位。
不包括：进出管保护台砌筑、底座砌筑、调压箱进出管及管件的防腐。
(3) 引入口砌筑：以"处"为计量单位。

八、辅助项目

(1) 管道消毒、冲洗、管道压力试验：均按管道长度以"m"为计量单位，不扣除阀门、管件所占的长度。
(2) 凿槽、刨沟：以"m"为计量单位。
① 适用于旧工程改造或新建工程因设计变更，或因安装工艺要求而土建施工未预留需安装施工时进行凿槽、刨沟时使用。
② 打孔洞执行《电气设备安装工程》相应项目。
(3) 阻火圈：以"个"为计量单位。
(4) 人工挖填管沟土方：以"m^3"为计量单位。
(5) 镀锌铁皮套管制作：以"个"为计量单位。
注意：铁皮套管（穿墙或过楼板）安装已包括在管道安装项目内，不另计算。
(6) 止水环：以"个"为计量单位。

第三节　给排水、采暖、燃气工程量计算实例

一、背景资料

(1) 某办公楼卫生间给排水平面图、系统图如图 3-16 所示。
(2) 图中所注尺寸除标高以 m 计取外，其余均为 mm 计，管道标注均以管道中心线为准。
(3) 给水管道采用镀锌钢管，丝扣连接；排水管道采用 UPVC 排水塑料管，承插粘接。
(4) 给水立管从＋3.000 标高算起，排水立管算至±0.000。
(5) 给排水管道在运行前必须进行水冲洗和压力试验。
(6) 根据以上资料，结合《四川省通用安装工程工程量清单计价定额》列项计算该给排水工程的工程量。

第三章　给排水、采暖、燃气工程量计算

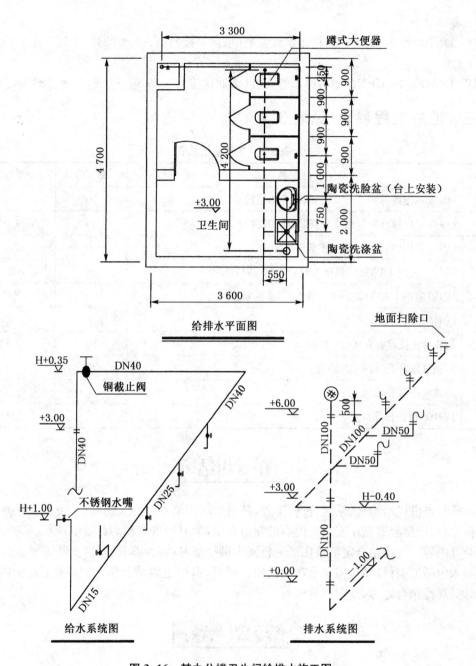

图 3-16　某办公楼卫生间给排水施工图

二、分析计算步骤

1. 给水系统

(1) DN40 室内镀锌钢管给水管安装(丝扣连接)：0.35+3.3+0.25=3.90 m
(2) DN25 室内镀锌钢管给水管安装(丝扣连接)：0.9+0.9=1.80 m
(3) DN15 室内镀锌钢管给水管安装(丝扣连接)：1+0.75+(1.0-0.35)=2.40 m

2. 排水系统

(1) DN100 室内 UPVC 塑料排水管安装（承插粘接）：(6.0＋0.5)＋0.55＋4.2＋0.4×4＝12.85 m

(2) DN50 室内 UPVC 塑料排水管安装（承插粘接）：0.55×2＋0.6×2＝2.30 m

三、汇总工程量表（见表 3-4）

表 3-4 工程量汇总表

序号	项目名称	单位	工程量
1	DN40 室内镀锌钢管给水管安装（丝扣连接）	m	3.90
2	DN25 室内镀锌钢管给水管安装（丝扣连接）	m	1.80
3	DN15 室内镀锌钢管给水管安装（丝扣连接）	m	2.40
4	DN100 室内 UPVC 塑料排水管安装（承插粘接）	m	12.85
5	DN50 室内 UPVC 塑料排水管安装（承插粘接）	m	2.30
6	DN40 螺纹阀门安装	个	1
7	陶瓷台式洗脸盆安装（冷水嘴）	组	1
8	陶瓷洗涤盆安装（冷水嘴）	组	1
9	蹲式大便器安装	组	3
10	DN100 地面扫除口安装	个	1

单元小结

本章重点讲述给排水、采暖、燃气工程，是对生活用给水、排水、燃气、采暖热源管道以及附件配件安装、小型容器制作安装等内容的知识介绍，学习的重点和难点是给排水、采暖、燃气管道安装等内容。注意结合定额及图纸进行同步讲授学习，各种器具、附件安装则要重点把握其包括和未包括的项目内容，避免重项和漏项。同时，本章主要是介绍定额规则，学习中要与工程量计算规范结合思考，把握其异同点。

复习思考题

1. 思考题

(1) 给排水、采暖、燃气工程的单价措施费有哪些？按安装定额分册进行列出。

(2) 给排水、采暖、燃气管道安装定额内已经包括的内容和未包括的项目内容各有哪些？

(3) 给排水、采暖、燃气工程识图应把握哪些要点？

2. 单项选择题

(1) 给水管道室内和室外的划分界限以（　　）为界。

A. 室内地坪　　　　　B. 外墙皮　　　　　C. 内墙皮　　　　　D. 外墙皮1.5 m处

(2) 排水管道室内外界线划分应以(　　)为界。

A. 外墙皮1.5 m处　　　　　　　　　B. 外墙皮3.0 m处
C. 出户第一个污水井　　　　　　　　D. 水表井

(3) 大便槽冲洗水箱工程内容不包括(　　)。

A. 水箱　　　　　　B. 冲洗管　　　　　C. 浮球阀　　　　　D. 进水水嘴

(4) 室外埋地管道的土方工程应(　　)。

A. 执行建筑工程定额　　　　　　　　B. 执行安装工程定额
C. 按管沟底面积计算　　　　　　　　D. 不计算

(5) "台式洗脸盆安装"定额项目未包括(　　)。

A. 石材台面　　　　B. 盆体　　　　　　C. 水嘴　　　　　　D. 角阀

3. 多项选择题

(1) 给排水管道安装工程定额包括(　　)。

A. 管道安装　　　　B. 管件安装　　　　C. 套管安装　　　　D. 管道刷油
E. 一次性压力试验　F. 阀门安装

(2) 管道安装的连接方式有(　　)。

A. 螺纹　　　　　　B. 法兰　　　　　　C. 电熔　　　　　　D. 热熔
E. 错焊　　　　　　F. 点焊

(3) 以下不计算定额工程量的有(　　)。

A. 检查口　　　　　　　　　　　　　B. 水表旁边的阀门
C. 小便槽冲洗管上的阀门　　　　　　D. 透气帽

(4) "螺纹水表的安装"定额项目中包含了(　　)。

A. 水表的安装　　　B. 水嘴的安装　　　C. 阀门的安装　　　D. 法兰的安装

4. 判断题

(1) (　　)管件就是管道附件。

(2) (　　)室内排水管道安装工程中,已包含检查口的安装。

(3) (　　)大便槽冲洗水箱的冲洗管要单独计算工程量。

(4) (　　)透气帽需要单独列项计算工程量。

(5) (　　)小便槽冲洗管上的阀门不需要另列项计算工程量。

第四章 消防工程量计算

> **知识重点**
> 1. 掌握消防工程内容。
> 2. 掌握消防工程施工图的识读方法。
> 3. 消防工程定额工程量的计算方法。

> **基本要求**
> 1. 能够识读消防工程施工图纸。
> 2. 理解定额规则,掌握消防工程列项及工程量计算方法。
> 3. 培养学生手工计算消防工程工程量的计算能力。

第一节 消防工程基础知识

对于各类火灾,根据构筑物的性质、功能及燃烧物特性,可以使用水、泡沫、干粉、气体(二氧化碳等)等作为灭火剂来扑灭火灾。

一、水灭火系统

1. 消火栓灭火系统

消火栓有室内与室外消火栓之分,它是最常用的灭火方式,属于人工灭火系统。

(1) 室内消火栓给水系统的组成

该系统由消防给水管网、消火栓、水带、水枪组成的消火栓箱柜,消防水池、消防水箱,增压设备等组成。

(2) 室内消火栓给水系统主要设备

① 室内消火栓箱。室内消火栓箱安装在建筑物内的消防给水管路上,由箱体、室内消火栓、水带、水枪及电气设备等消防器材组成。室内消火栓有单出口和双出口两种类型。如图4-1所示。

② 消防水泵接合器。当室内消防用水量不能满足消防要求时,消防车可通过水泵接合器向室内管网供水灭火。水泵接合器有地上、地下和墙壁式三种,宜采用地上式或侧墙式;当采用地下式水泵接合器时,应有明显的指示标志。如图4-2所示。

图 4-1　室内消火栓箱　　　　图 4-2　消防水泵接合器

(3) 室外消火栓

室外消火栓是设置在建筑物外面消防给水管网上的供水设施,主要供消防车从市政给水管网或室外消防给水管网取水实施灭火,也可以直接连接水带、水枪出水灭火,按设置条件分为地上消火栓和地下消火栓。

2. 喷水灭火系统

(1) 自动喷水灭火系统分类

自动喷水灭火系统是一种能自动启动喷水灭火,并能同时发出火警信号的灭火系统。根据使用要求和环境的不同,喷水灭火系统可分为湿式系统、干式系统、预作用系统、重复启闭预作用灭火系统等。

① 自动喷水湿式灭火系统。湿式系统是指在准工作状态时管道内充满有压水的闭式系统。

② 自动喷水干式灭火系统。它的供水系统、喷头布置等与湿式系统完全相同。所不同的是平时在报警阀(此阀设在采暖房间内)前充满水而在阀后管道内充以压缩空气。

③ 自动喷水干湿两用灭火系统。这种系统亦称为水、气交换式自动喷水灭火设置。

④ 自动喷水预作用系统。该系统具有湿式系统和干式系统的特点,预作用阀后的管道系统内平时无水,呈干式,充满有压或无压的气体。

⑤ 重复启闭预作用灭火系统。该系统是指能在火灾后自动关阀、复燃时再次开阀喷水的预作用系统。

⑥ 自动喷水雨淋系统。该系统是指由火灾自动报警系统或传动管控制,自动开启雨淋报警阀和启动供水泵后,向开式洒水喷头供水的自动喷射灭火系统。

⑦ 水幕系统。水幕系统的工作原理与雨淋系统基本相同,所不同的是水幕系统喷出的水为水幕状。

⑧ 水喷雾灭火系统。它是利用水雾喷头在一定水压下将水流分解成细小水雾灭火或防护冷却的灭火系统。

(2) 喷水灭火系统组件

① 喷头。分为闭式喷头与开式喷头。如图 4-3 和图 4-4 所示。

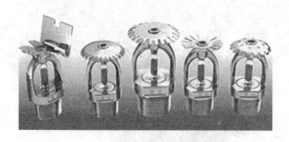
图4-3　闭式喷头

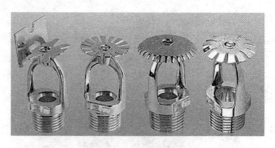
图4-4　开式喷头

②报警阀。自动喷水灭火系统应设置报警阀。其主要作用是开启和关闭管网水流、传递控制信号并启动水力警铃直接报警。报警阀分为湿式报警阀（如图4-5）、干式报警阀和干湿式报警阀三种。

③末端试水装置。末端试水装置由试水阀、压力表、试水接头及排水管组成，设置于供水的最不利点，用于检测系统和设备的安全可靠性。末端试水装置的出水口应采取孔口出流的方式排入排水管道。如图4-6所示。

图4-5　湿式报警阀

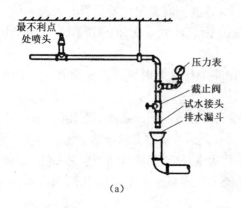
(a)

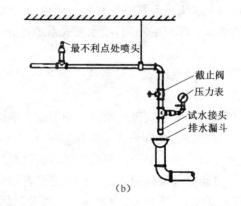
(b)

图4-6　末端试水装置

④水流指示器。水流指示器是自动喷水灭火系统的一个组成部分，安装于管网配水干管或配水管的始端，用于显示火警发生区域，启动各种电报警装置或消防水泵等电气设备，适用于湿式、干式及预作用等自动喷水灭火系统。

⑤减压孔板。减压孔板的工作原理是对流体的动压力（不含静压力）进行减压。

⑥集热板。《自动喷水灭火系统设计规范》(GB 50084)第7.2.3条规定：当梁、通风管道、成排布置的管道、桥架等障碍物的宽度大于1.2 m时，其下方应增设喷头。增设的喷头上方有缝隙时应设集热板。

二、气体灭火系统

气体灭火系统是以气体作为灭火介质的灭火系统,以卤代烷和二氧化碳灭火系统为主,还有卤代烷的替代物如七氟丙烷、三氟甲烷、混合气体等灭火系统。

1. 二氧化碳灭火系统的组成

二氧化碳灭火系统是一种物理的、不发生化学反应的气体灭火系统。该系统通过向保护空间喷放二氧化碳灭火剂,利用稀释氧浓度、窒息燃烧和冷却等物理作用扑灭火灾。二氧化碳是一种采用较早、应用较广的气体灭火剂,但二氧化碳对人体有窒息作用,当含量达到15%以上时能使人窒息死亡。如图4-7所示。

二氧化碳灭火系统分为全淹没灭火系统、局部应用灭火系统和移动式灭火系统。

(1) 全淹没灭火系统是由固定的二氧化碳储存容器、容器阀、单向阀、集流管、选择阀、喷嘴、操作控制系统及附属装置等组成。按保护区域划分,全淹没系统又可分成单元独立型和组合分配型。

(2) 局部应用灭火系统由固定的二氧化碳储备钢瓶、管道、喷嘴、操纵系统及附属装置等组成。当保护对象有很大开口或无法形成密闭空间的场所时可采用该系统灭火。

(3) 移动式灭火系统是由二氧化碳钢瓶、集合管、软管卷轴、软管以及喷筒等组成。

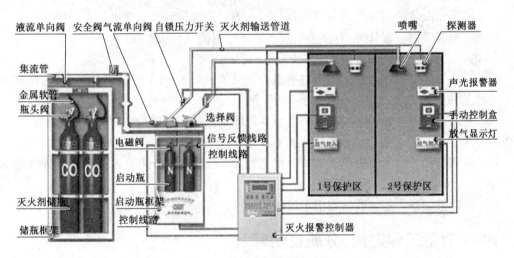

图 4-7 二氧化碳灭火系统

2. 卤代烷灭火系统的组成

卤代烷灭火系统,及其替代品灭火系统也属于气体灭火系统,由与二氧化碳灭火系统相类似的系统组成。如图4-8所示。

三、泡沫灭火系统

泡沫灭火系统是采用泡沫液作为灭火剂,主要用于扑救非水溶性可燃液体和一般固体火灾。

1. 泡沫灭火系统的分类

(1) 按泡沫发泡倍数分类,有低、中、高倍数泡沫灭火系统。

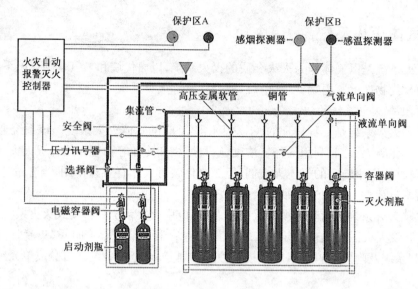

图 4-8　卤代烷灭火系统

(2) 按泡沫灭火剂的使用特点分类,可分为 A 类泡沫灭火剂、B 类泡沫灭火剂、非水溶性泡沫灭火剂、抗溶性泡沫灭火剂等。

(3) 按设备安装使用方式分类,有固定式、半固定式和移动式泡沫灭火系统。

(4) 按泡沫喷射位置分类,有液上喷射和液下喷射泡沫灭火系统。

2. 泡沫灭火系统的主要设备

(1) 泡沫比例混合器。泡沫比例混合器是泡沫灭火系统的主要设备之一,它的作用是将水与泡沫液按一定比例自动混合,形成泡沫混合液。

(2) 空气泡沫产生器。空气泡沫产生器可将输送来的混合液与空气充分混合形成灭火泡沫喷射覆盖于燃烧物表面。根据泡沫灭火系统的要求,应采用不同形式的泡沫产生器。

(3) 泡沫喷头。泡沫喷头用于泡沫喷淋系统,按照喷头是否能吸入空气分为吸气型和非吸气型。

(4) 泡沫液储罐。泡沫液储罐用于储存泡沫液。

四、《消防工程定额》分册说明释解

1. 适用范围

适用于新建、扩建项目的安装工程。

2. 下列内容执行其他分册有关项目

(1) 电缆敷设、桥架安装、配管配线、接线盒、动力、应急照明控制设备、应急照明器具、电动机检查接线、调试、防雷接地装置等安装,均执行《电气设备安装工程》相应项目。

(2) 阀门、法兰安装,各种套管的制作安装,不锈钢管和管件、铜管和管件及泵间管道安装,管道系统强度试验、严密性试验和冲洗等执行《工业管道工程》相应项目。

(3) 室外给水管道安装及水箱制作安装执行《给排水、采暖、燃气工程》相应项目。

(4) 各种消防泵、稳压泵等机械设备安装及二次灌浆执行《机械设备安装工程》相应项目。

(5) 各种仪表的安装及带电讯号的阀门、水流指示器、压力开关、驱动装置及泄漏报警开关的接线、校线等执行《自动化控制仪表安装工程》相应项目。

(6) 泡沫液储罐、设备支架制作安装等执行《静置设备与工艺金属结构制作安装工程》相应项目。

(7) 设备及管道除锈、刷油及绝热工程执行《刷油、防腐蚀,绝热工程》相应项目。

(8) 剔槽、打孔洞执行《电气设备安装工程》相应项目。

3. 关于下列各项费用的规定

(1) 脚手架搭拆费:按定额人工费的5%计算,其中人工工资占25%,作为单价措施费计入。

(2) 高层建筑增加费:凡檐口高度>20 m 的工业与民用建筑按表 4-1 计算(全部为定额人工费),作为单价措施费计入。

表 4-1 高层建筑增加费率表

檐口高度	≤30 m	≤40 m	≤50 m	≤60 m	≤70 m	≤80 m	≤90 m	≤100 m	≤110 m
按人工费的%	1	2	4	5	7	9	11	14	17
檐口高度	≤120 m	≤130 m	≤140 m	≤150 m	≤160 m	≤170 m	≤180 m	≤190 m	≤200 m
按人工费的%	20	23	26	29	32	35	38	41	44

(3) 工程超高增加费:操作物高度离楼地面>5 m 的工程,按超高部分人工费乘以表 4-2 中的系数,归入定额单价换算。

表 4-2 超高系数表

标 高	≤8 m	≤12 m	≤16 m	≤20 m
超高系数	1.10	1.15	1.20	1.25

第二节 消防工程量计算

《消防工程》适用于新建、扩建项目的安装工程。消防工程定额工程量的计算,包括水灭火系统、气体灭火系统、泡沫灭火系统、管道支架制作安装等内容。

一、水灭火系统

1. 适用范围及界线划分

(1) 适用范围

水灭火系统适用于自动喷水灭火系统的管道、消火栓管道、各种组件、消火栓、消防水泡的安装及管道支吊架的制作、安装。

(2) 界线划分

① 室内外界线:以建筑物外墙皮 1.5 m 为界,入口处设阀门者以阀门为界。

② 设在高层建筑内的消防泵间管道与本章界线,以泵间外墙皮为界。

(3) 镀锌钢管安装定额也适用于镀锌无缝钢管,其对应关系见表 4-3

表 4-3　对应关系表

公称直径(mm)	15	20	25	32	40	50	70	80	100	150	200
无缝钢管外径(mm)	20	25	32	38	45	57	76	89	108	159	219

2. 工程量计算规则

（1）管道安装

按设计管道中心长度,以"m"为计量单位,不扣除阀门、管件及各种组件所占长度。主材数量应按清单表用量计算,管件含量见表4-4。

表 4-4　镀锌钢管(螺纹连接)管件含量表　　　　　　　　　　单位:10 m

项目	名称	公 称 直 径						
		≤25 mm	≤32 mm	≤40 mm	≤50 mm	≤70 mm	≤80 mm	≤100 mm
管件含量	四通	0.02	1.20	0.53	0.69	0.73	0.95	0.47
	三通	2.29	3.24	4.02	4.13	3.04	2.95	2.12
	弯头	4.92	0.98	1.69	1.78	1.87	1.47	1.16
	管箍	—	2.65	5.99	2.73	3.27	2.89	1.44
	小计	7.23	8.07	12.23	9.33	8.91	8.26	5.19

① 水喷淋管道安装包括:管道及管件安装、工序内一次性水压试验。

② 室内各种消火栓管道安装包括:管道及管件安装、工序内一次性水压试验、管卡、托吊支架制作、安装及支架的除锈、刷油。

（2）水喷淋(雾)喷头安装:以"个"为计量单位。

包括:丝堵、临时短管的安装、拆除及其摊销。

（3）报警装置安装:按成套产品以"组"为计量单位。

包括:丝堵、临时短管的安装、拆除及其摊销。

① 湿式报警装置(ZSS)包括:湿式阀、蝶阀、装配管、供水压力表、装置压力表、试验阀、泄放试验阀、泄放试验管、试验管流量计、过滤器、延时器、水力警铃、报警截止阀、漏斗、压力开关等。

② 干湿两用报警装置(ZSL)包括:两用阀、蝶阀、装配管、加速器、加速器压力表、供水压力表、试验阀、泄放试验阀(湿式)、泄放试验阀(干式)、挠性接头、泄放试验管、试验管流量计、排气阀、截止阀、漏斗、过滤器、延时器、水力警铃、压力开关等。

③ 电动雨淋报警装置(ZSYI)包括:雨淋阀、蝶阀(2个)、装配管、压力表、泄放试验阀、流量表、截止阀、注水阀、止回阀、电磁阀、排水阀、手动应急球阀、报警试验阀、漏斗、压力开关、过滤器、水力警铃等。

④ 预作用报警装置(ZSU)包括:干式报警阀、控制蝶阀(2个)、压力表(2块)、流量表、截止阀、排放阀、注水阀、止回阀、泄放阀、报警试验阀、液压切断阀、装配管、供水检验管、气压开关(2个)、试压电磁阀、应急手动试压器、漏斗、过滤器、水力警铃等。

（4）温感式水幕装置安装:以"组"为计量单位。

包括:给水三通至喷头、阀门间的管道、管件、阀门、喷头等全部安装内容。

(5) 水流指示器安装:以"个"为计量单位。
包括:丝堵、临时短管的安装、拆除及其摊销。
(6) 减压孔板安装:以"个"为计量单位。
(7) 末端试水装置安装:以"组"为计量单位。
① 包括:本体安装。
② 不包括:型钢底座制作安装和混凝土基础砌筑。
(8) 集热板制作安装:以"个"为计量单位。
集热板的安装位置:当高架仓库分层板上方有孔洞、缝隙时,应在喷头上方设置集热板。
(9) 消火栓安装:按成套产品以"套"为计量单位。
① 室内消火栓安装包括:消火栓箱、消火栓、水枪、水龙带、水龙带接扣、挂架、消防按钮、消防软管卷盘(室内消火栓组合卷盘型)。
② 室外消火栓安装包括:地上式/地下式消火栓、法兰接管、弯管底座、消火栓三通(地下式消火栓)。
(10) 消防水泵接合器安装:以"套"为计量单位。
包括:消防接口本体、止回阀、安全阀、闸阀、弯管底座、放水阀、标牌。
(11) 灭火器安装:以"个"为计量单位。
(12) 消防水泡安装:以"台"为计量单位。
① 包括:本体安装。
② 不包括:型钢底座制作安装和混凝土基础砌筑。

3. 相关问题及说明

隔膜式气压水罐安装执行《给排水、采暖、燃气工程》相应项目。

【例 4-1】 某办公楼部分喷淋施工图如图 4-9 和图 4-10 所示。

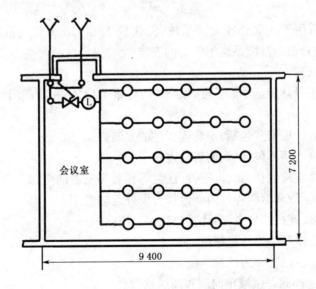

图 4-9 某办公楼一层喷淋平面图

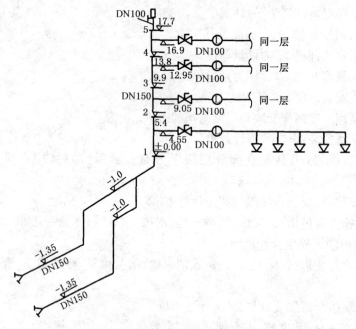

图 4-10 某办公楼水喷淋系统图

【解】（1）DN150 水喷淋立管：16.9－(－1.0)＋(1.35－1.0)×2＝18.60 m

（2）报警阀 DN100：4 个

（3）水流指示器 DN100：4 组

（4）喷头安装：5×4＝20 个

二、气体灭火系统

1. 适用范围

气体灭火系统适用于二氧化碳灭火系统，卤代烷 1211、1301 灭火系统，以及七氟丙烷、IG541 灭火系统中的管道、管件、系统组件等的安装。

2. 工程量计算规则

（1）管道安装：按设计管道中心长度，以"m"为计量单位，不扣除阀门、管件及各种组件所占长度。

① 气动驱动装置管道安装包括：卡套连接件的安装。

② 无缝钢管螺纹连接不包括：钢制管件连接。

③ 无缝钢管法兰连接包括：直管、管件、法兰等预装和安装的全部工序内容。

④ 不包括：无缝钢管和钢制管件内外镀锌及场外运输费用。

（2）钢制管件螺纹连接：以"个"为计量单位。

（3）选择阀安装：以"个"为计量单位。

（4）系统组件试验：以"个"为计量单位。

系统组件包括：选择阀，气、液单向阀和高压软管。

（5）气体喷头安装：以"个"为计量单位。

包括：管件安装及配合水压试验安装拆除丝堵。

(6) 储存装置安装：以"套"为计量单位。

包括：灭火剂储存容器和驱动气瓶的安装固定、支框架、系统组件（集流管，容器阀，气、液单向阀，高压软管）、安全阀等储存装置和阀驱动装置的安装及氮气增压。

(7) 称重检漏装置：以"套"为计量单位。

包括：泄漏报警开关、配重及支架。

(8) 无管网气体灭火装置：以"套"为计量单位。

3. 相关问题及说明

(1) 不锈钢管、铜管、不锈钢管管件及铜管管件的焊接或法兰连接，各种套管的制作安装，管道系统强度试验、严密性试验和吹扫等均执行《工业管道工程》相应项目。

(2) 管道及支吊架的防腐刷油等执行《刷油、防腐蚀、绝热工程》相应项目。

(3) 阀驱动器与泄漏报警开关的电气接线等执行《自动化控制仪表安装工程》相应项目。

三、泡沫灭火系统

1. 适用范围

泡沫灭火系统适用于高、中、低倍数固定式或半固定式泡沫灭火系统的发生器及泡沫比例混合器安装。

2. 工程量计算规则

(1) 泡沫发生器安装：以"台"为计量单位。

① 包括：整体安装、焊法兰、单体调试及配合管道试压时隔离本体所消耗的人工和材料。

② 不包括：支架的制作安装和二次灌浆。

(2) 泡沫比例混合器安装：以"台"为计量单位。

① 包括：整体安装、焊法兰、单体调试及配合管道试压时隔离本体所消耗的人工和材料。

② 不包括：支架的制作安装和二次灌浆。

3. 相关问题及说明

(1) 泡沫灭火系统的管道（碳钢管、不锈钢管、铜管）、管件（不锈钢管件、铜管管件）、法兰、阀门、管道支架的安装及管道系统水冲洗、强度试验、严密性试验等执行《工业管道工程》相应项目。

(2) 泡沫喷淋系统的管道、组件、气压水罐的支吊架安装执行《给排水、采暖、燃气工程》相应项目。

(3) 消防泵等机械设备安装及二次灌浆执行《机械设备安装工程》相应项目。

(4) 泡沫液储罐、设备支架制作安装，油罐上安装的泡沫发生器及化学泡沫室执行《静置设备与工艺金属结构制作安装工程》相应项目。

(5) 除锈、刷油、保温等均执行《刷油、防腐蚀、绝热工程》相应项目。

(6) 泡沫灭火系统调试应按批准的施工方案另行计算。

四、管道支架制作安装

1. 适用范围

管道支架制作安装适用于自动喷水及气体灭火系统的管道支吊架的制作、安装。

2. 工程量计算规则

按设计图示质量计算。

每 10 m 管道的支架制作安装工程量按表 4-5 计算。如与实际不符,可按实调整。管道支架制作、安装项目中包括了支架、吊架及防晃支架。

表 4-5 支架重量计算表

管道公称直径(mm)	≤25	≤32	≤40	≤50	≤70	≤80	≤100	≤150	≤200
支架重量(kg)	2.2	2.49	4.94	6.89	8.13	8.41	11.23	16.37	21.51

不包括:支架除锈、刷油、保温。

第三节 消防工程量计算实例

一、背景资料

(1) 某办公楼部分房间自动喷水系统的一部分如图 4-11 和图 4-12 所示。

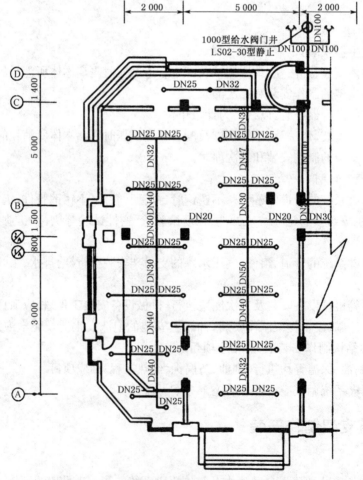

图 4-11 某办公楼部分房间消防喷淋平面图

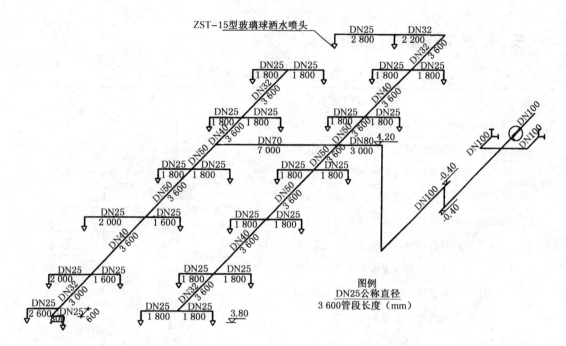

图 4-12 某办公楼部分房间消防喷淋系统图

(2) 图中所注尺寸除标高以 m 计取外,其余均以 mm 计,管道标注均以管道中心线为准。

(3) 喷淋系统均采用热镀锌钢管,螺纹连接。

(4) 消防水管穿基础侧墙设刚性防水套管,水平干管在吊顶内敷设,阀门井内阀件暂不计。

(5) 施工完毕,整个系统应进行水压试验,喷淋系统为 0.55 MPa。

(6) 根据以上资料,结合《四川省通用安装工程工程量清单计价定额》列项计算该水喷淋系统的工程量。

二、分析计算步骤

(1) DN100 室内热镀锌钢管水喷淋管道安装(螺纹连接):$9.6+[4.2-(-1.4)]=15.20$ m

(2) DN80 室内热镀锌钢管水喷淋管道安装(螺纹连接):3.00 m

(3) DN70 室内热镀锌钢管水喷淋管道安装(螺纹连接):7.00 m

(4) DN50 室内热镀锌钢管水喷淋管道安装(螺纹连接):$3.6×5=18.00$ m

(5) DN40 室内热镀锌钢管水喷淋管道安装(螺纹连接):$3.6×4=14.40$ m

(6) DN32 室内热镀锌钢管水喷淋管道安装(螺纹连接):$3.6×2+2.2+3.6+3=16.00$ m

(7) DN25 室内热镀锌钢管水喷淋管道安装(螺纹连接):$2.8+1.8×12+0.6+2.6+0.8+(2+1.6)×2+(1.8+1.8)×3=46.40$ m

(8) DN15 室内热镀锌钢管水喷淋管道安装(螺纹连接):$(4.2-3.8)×26=10.40$ m

三、汇总工程量表(见表4-6)

表4-6　工程量汇总表

序号	项目名称	单位	工程量
1	DN100室内热镀锌钢管水喷淋管道安装(螺纹连接)	m	15.20
2	DN80室内热镀锌钢管水喷淋管道安装(螺纹连接)	m	3.00
3	DN70室内热镀锌钢管水喷淋管道安装(螺纹连接)	m	7.00
4	DN50室内热镀锌钢管水喷淋管道安装(螺纹连接)	m	18.00
5	DN40室内热镀锌钢管水喷淋管道安装(螺纹连接)	m	14.40
6	DN32室内热镀锌钢管水喷淋管道安装(螺纹连接)	m	16.00
7	DN25室内热镀锌钢管水喷淋管道安装(螺纹连接)	m	46.40
8	DN15室内热镀锌钢管水喷淋管道安装(螺纹连接)	m	10.40
9	ZST-15型玻璃球洒水喷头安装	个	26
10	DN100消防水泵结合器安装	套	2
11	DN100刚性防水套管制作安装	个	1

单元小结

本章重点讲述消防工程,是对水灭火系统、气体灭火系统、泡沫灭火系统管道及附件等内容的知识介绍,学习的重点和难点是各种消防管道安装等内容。注意结合定额及图纸进行同步讲授学习,各种消防设备、附件安装则要重点把握其包括和未包括的项目内容,避免重项和漏项。同时,本章主要是介绍定额规则,学习中要与工程量计算规范结合思考,把握其异同点。

复习思考题

1. 简述题

(1)消防工程的单价措施费有哪些?

(2)各种消防管道安装定额内已经包括的内容和未包括的项目内容各有哪些?

(3)消防工程识图应把握哪些要点?

2. 单项选择题

(1)自动喷淋管道安装定额未包括(　　)。

A. 管道　　　　　　　　　　　　B. 管件

C. 管道支架　　　　　　　　　　D. 一次性管道压力试验

(2)室内消火栓安装,区分单栓和双栓均按成套产品以(　　)为计量单位。

A. 组   B. 个   C. 套   D. 块

(3)(　　)执行《消防工程》相应项目。
A. 应急照明控制设备   B. 电动机检查接线
C. 灭火器放置箱   D. 消防泵安装

(4) 消防工程中,阀门、法兰安装,各种套管的制作安装,不锈钢管和管件、铜管和管件及泵间管道安装,管道系统强度试验、严密性试验和冲洗等执行(　　)相应项目。
A. 通风空调工程   B. 工业管道工程
C. 消防工程   D. 给排水、采暖、燃气工程

(5) 各种消防泵、稳压泵等机械设备安装及二次灌浆执行(　　)相应项目。
A. 机械设备安装工程   B. 热力设备安装工程
C. 消防工程   D. 自动化控制仪表安装工程

3. 多项选择题

(1) 消火栓的安装包括(　　)。
A. 水龙带   B. 水枪   C. 挂件   D. 消火栓
E. 消火栓箱   F. 阀门

(2) 室内各种消火栓管道安装均包括(　　)。
A. 支架除锈、刷油   B. 消火栓安装   C. 管道及管件安装   D. 阀门安装
E. 法兰安装   F. 管卡、托吊支架制作、安装

(3) 消防工程室内外界线以(　　)。
A. 建筑物外墙皮 1.5 m 为界   B. 建筑物外墙皮为界
C. 入口处设阀门者以阀门为界   D. 建筑物外墙皮 2 m 为界

(4) 闭式灭火系统根据系统管网充水与否分为(　　)等。
A. 预作用系统   B. 水幕系统   C. 湿式系统   D. 干式系统
E. 自动喷水雨淋系统   F. 干湿两用系统

4. 判断题

(1)(　　)消防给水室外管道安装执行给排水管道安装的相应项目。

(2)(　　)消防给水管道和生活给水管道的界限划分完全一致。

(3)(　　)水灭火系统管道安装包括工序内一次性水压试验。

(4)(　　)消防管道安装按设计管道中心长度,以"m"为计量单位,扣除阀门、管件及各种组件所占长度。

(5)(　　)泡沫液充装项目是按施工单位充装考虑的,若由生产厂在施工现场充装时,可另行计算。

第五章 通风空调工程量计算

> **知识重点**
>
> 1. 掌握通风空调工程内容。
> 2. 掌握通风空调工程施工图的识读方法。
> 3. 通风空调工程定额工程量的计算方法。

> **基本要求**
>
> 1. 能够识读通风空调工程施工图纸。
> 2. 理解定额规则,掌握通风空调工程列项及工程量计算方法。
> 3. 培养学生手工计算通风空调工程工程量的计算能力。

第一节　通风空调工程基础知识

一、通风工程

建筑通风的任务是在改善室内温度、湿度、洁净度和流速,保证人们的健康以及生活和工作环境的条件下,使新鲜空气连续不断地进入建筑内,并及时排出生产和生活的废气与有害气体。大多数情况下,可以利用建筑本身的门窗进行换气,不能满足建筑通风要求时,可采用人工的方法有组织地向建筑物室内送入新鲜空气,且将污染的空气及时排出。

工业通风的任务就是控制生产过程中产生的粉尘、有害气体、高温、高湿,并尽可能对污染物回收,化害为利,防止环境污染,创造良好的生产环境和大气环境。

1. 通风系统的组成

通风系统分为两类:送风系统和排风系统。

(1) 送风系统

送风系统的基本功能是将清洁空气送入室内。如图5-1所示,在风机3的动力下,室外空气进入新风口1,经进气处理设备2(过滤器、热湿处理器、表面式换热器等)处理达到卫生或工艺要求后,由风管4分配到各送风口5,送入室内。

(2) 排风系统

排风系统的基本功能是排除室内的污染气体。如图5-2所示,在风机4的动力作用下,排风罩(或排风口)1将室内污染气体吸入,经风管2送入净化设备3(或除尘器),经处理达到规

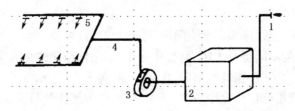

图 5-1 送风系统

1—新风口;2—进气处理设备;3—风机;4—风管;5—送风口

定的排放标准后,通过风帽 5 排到室外大气中。

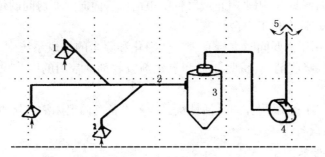

图 5-2 排风系统

1—排风罩;2—风管;3—净化设备;4—风机;5—风帽

2. 通风方式

按照促使气流流动的动力不同,可分为自然通风和机械通风;按照通风系统的作用范围可分为局部通风和全面通风;按照通风系统作用功能划分为除尘、净化、事故通风、消防通风(防排烟通风)、人防通风等。

在实际工程中,从技术经济角度出发,应优先考虑采用自然通风,当其不能满足需要时采用机械通风;优先考虑采用局部通风,当其不能满足需要时采用全面通风。

在实际工程中,单独采用一种通风方式往往是达不到需要的效果的,通常多种通风方法是联合使用的。

3. 通风(空调)主要设备和附件

(1) 通风机

① 通风机按风机的作用原理可分为离心式通风机、轴流式通风机、贯流式通风机。

② 通风机按其用途可分为一般用途通风机、排尘通风机、高温通风机、防爆通风机、防腐通风机、排烟通风机、屋顶通风机、射流通风机。

(2) 风阀

风阀是空气输配管网的控制、调节机构,基本功能是截断或开通空气流通的管路,调节或分配管路流量。

(3) 风口

风口的基本功能是将气体吸入或排出管网,通风(空调)工程中使用最广泛的是铝合金风口,表面经氧化处理,具有良好的防腐、防水性能。

(4) 局部排风罩

排风罩主要作用是排除工艺过程或设备中的含尘气体、余热、余湿、毒气、油烟等。

(5) 除尘器

除尘器的种类很多,根据除尘机理的不同可分为重力、惯性、离心、过滤、洗涤、静电六大类,根据气体净化程度的不同可分为粗净化、中净化、细净化与超净化四类,根据除尘器的除尘效率和阻力可分为高效、中效、粗效和高阻、中阻、低阻等。

除尘器的技术性能指标包括除尘效率、压力损失、处理气体量与负荷适应性等。

(6) 消声器

消声器是一种能阻止噪声传播,同时允许气流顺利通过的装置。在通风空调系统中,消声器一般安装在风机出口水平总风管上,用以降低风机产生的空气动力噪声。也有将消声器安装在各个送风口前的弯头内,用来阻止或降低噪声由风管内向空调房间的传播。

(7) 空气净化设备(净化工作台)

① 吸收设备。用于需要同时进行有害气体净化和除尘的排风系统中。常用的吸收剂有水、碱性吸收剂、酸性吸收剂、有机吸收剂和氧化剂吸收剂。常用的吸收设备有喷淋塔、填料塔、湍流塔。

② 吸附设备。常用的吸附介质是活性炭。吸附设备有固定床活性炭吸附设备、移动床吸附设备、流动床吸附设备。

4. 通风系统的安装

通风系统的安装包括通风系统的风管及部件的制作与安装,通风设备的制作与安装,通风(空调)系统试运转及调试。

(1) 通风管道安装

① 通风管道的分类。通风系统的风管,按风管的材质可分为金属风管和非金属风管。此外,还有由土建部门施工的砖、混凝土风道等。

② 通风管道的断面形状。有圆形和矩形两种。此外,在一些特殊场合还采用异形风管,如椭圆形风管、铝箔伸缩软管等。

③ 风管的规格和厚度。

④ 风管的制作与连接。

a. 风管可现场制作或在工厂预制,风管制作方法分为咬口连接、铆钉连接、焊接。

b. 风管连接有法兰连接和无法兰连接。

(2) 通风(空调)系统试运转及调试

通风(空调)系统试运转及调试一般可分为准备工作、设备单体试运转、无生产负荷联合试运转、竣工验收、综合效能试验五个阶段进行。

二、空调工程

空气调节是通风的高级形式,该任务是在任何自然环境下,采用人工的方法,创造和保持一定的温度、湿度、气流速度及一定的室内空气洁净度,满足生产工艺和人体的舒适要求。

1. 空调系统的组成

空调系统包括送风系统和回风系统。如图 5-3 所示,在风机 3 的动力作用下,室外空气进入新风口 1,与回风管 8 中回风混合,经空气处理设备 2 处理达到要求后,由风管 4 输送并分配到各送风口 5,由送风口 5 送入室内。回风口 6 将室内空气吸入并进入回风管 7(回风管 7 上也可设置风机),一部分回风经排风管 9 和排风口 10 排到室外,另一部分回风经回风管 8 与新风混合。空调系统基本由空气处理、空气输配、冷热源三部分组成,此外还有自控系统等。

(1) 空气处理部分

该部分包括能对空气进行热湿处理和净化处理的各种设备。如过滤器、表面式冷却器、喷水室、加热器、加湿器等。

(2) 空气输配部分

该部分包括通风机(送、回、排风机)、风道系统、各种阀门、各种附属装置(如消声器等),以及为使空调区域内气流分布合理、均匀而设置的各种送风口、回风口和空气进出空调系统的新风口、排风口。

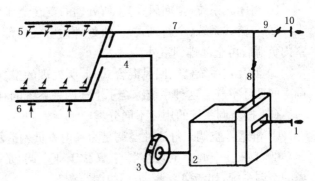

图 5-3 空调送、回风系统
1—新风口;2—空气处理设备;3—风机;
4—送风管;5—送风口;6—回风口;
7、8—回风管;9—排风管;10—排风口

(3) 冷热源部分

该部分包括制冷系统和供热系统。

2. 空调系统的分类

(1) 按空气处理设备的设置情况分类

① 集中式系统。空气处理设备(过滤器、加热器、冷却器、加湿器等)及通风机集中设置在空调机房内,空气经处理后,由风道送入各房间。

按送入每个房间的送风管的数目可分为单风管系统和双风管系统。

② 半集中式系统。集中处理部分或全部风量,然后送往各房间(或各区),在各房间(或各区)再进行处理的系统。如风机盘管加新风系统为典型的半集中式系统。

③ 分散式系统(也称局部系统)。将整体组装的空调机组(包括空气处理设备、通风机和制冷设备)直接放在空调房间内的系统。

(2) 按送风量是否变化分类

① 定风量系统。送风量不随室内热湿负荷变化而变化,送入各房间的风量保持一定。

② 变风量系统。送风量随室内热湿负荷变化而变化。

(3) 按承担室内负荷的输送介质分类

① 全空气系统。房间的全部负荷均由集中处理后的空气负担。如定风量或变风量的单风管中式系统、双风管系统、全空气诱导系统等。

② 空气—水系统。空调房间的负荷由集中处理的空气负担一部分,其他负荷由水作为介质在送入空调房间时对空气进行再处理(加热或冷却等)。如带盘管的诱导系统、风机盘管机组加新风系统等。

③ 全水系统。房间负荷全部由集中供应的冷、热水负担。如风机盘管系统、辐射板系统等。

④ 冷剂系统。以制冷剂为介质,直接用于对室内空气进行冷却、去湿或加热。制冷系统的蒸发器或冷凝器直接从空调房间吸收(或放出)热量。

(4) 按所处理空气的来源分类

① 封闭式系统(全回风式)。所处理的空气全部来自空调房间,即全部使用循环空气。

② 直流式系统(全新风式)。所处理的空气全部来自室外新风,经处理后送入室内,吸收室内负荷后再全部排到室外。

③ 混合式系统(新、回风混合式)。所处理的空气一部分来自室外新风,另一部分来自空调房间循环空气。这种系统综合了上述两种系统的利弊,应用最广。

(5) 按空调系统的用途不同分类

① 舒适性空调。舒适性空调是为室内人员创造舒适性环境的空调系统。

② 工艺性空调。工艺性空调(又称工业空调)是为工业生产或科学研究提供特定室内环境的空调系统,如洁净空调、恒温恒湿空调等。

3. 空调系统主要设备及部件

(1) 喷水室

喷水室有卧式和立式、单级和双级、低速和高速之分。喷水室主要由喷嘴与排管,前、后挡水板,外壳,底池(或水箱)以及管路系统等组成。

(2) 表面式换热器

表面式换热器包括空气加热器和表面式冷却器两大类。

(3) 空气加湿设备

对于舒适性空调,空气机组一般不需要设加湿段,只有在冬季室外空气特别干燥的情况下才设置加湿段。对于医疗房间和生产过程的工艺性空调(如制药、半导体生产和纺织车间,计算机机房等),空气处理机组中必须设置加湿设备。

(4) 空气减湿设备

前述的喷水室和表冷气都能对空气进行减湿处理。此外,减湿方法还有升温通风、冷冻减湿机减湿法、固体吸湿剂法和液体吸湿剂法。

常见的减湿设备还有冷冻减湿机、转轮除湿机和蒸发冷凝再生式减湿系统。

(5) 空气过滤器

按过滤器性能划分可分为粗效过滤器、中效过滤器、高中效过滤器、亚高效过滤器和高效过滤器。

(6) 空调系统的消声与隔振装置

① 消声装置

a. 消声器。消声器是由吸声材料按不同的消声原理设计成的构件,根据不同消声原理可以分为阻性、抗性、共振型和复合型等多种。

b. 消声静压箱。在风机出口处或在空气分布器前设置静压箱并贴以吸声材料,既可以稳定气流,又可以利用箱断面的突变和箱体内表面的吸声作用对风机噪声做有效的衰减。

② 隔振装置

(7) 空调水系统设备

① 冷却塔。冷却塔是在塔内使空气和水进行热质交换而降低冷却水温度的设备。

② 膨胀节。系统设置膨胀节是为了吸收位移,保护系统安全可靠地运行。

(8) 组合式空调机组

对空气进行各种热、湿、净化等处理的设备称为空气处理机组。空气处理机组主要有两大类:组合式空调机组和整体式空调机组。根据机组结构特点,空调机组还可以分为卧式空调机组和立式空调机组。

4. 空调水系统

除了冷剂空调系统外,建筑物的冷负荷和热负荷大多由集中冷、热源设备制备的冷冻水和热水(有时为蒸汽)来承担。空调水系统按其功能分为冷冻水系统(输送冷量)、热水系统(输送热量)和冷却水系统(排除冷水机组的冷凝热量)。空调水管的材质,压力管可选用镀锌钢管或铸铁管等,重力水管道可选用混凝土管或铸铁管等。

(1) 空调水系统(冷冻水系统或热水系统)的分类

① 双管制和四管制系统。

② 开式和闭式系统。

③ 同程式和异程式系统。

④ 定流量和变流量系统。

⑤ 单级泵和双级泵系统。

(2) 冷却水系统

冷却水是冷冻站内制冷机的冷凝器和压缩机的冷却用水,在工作正常时,使用后仅水温升高,水质不受污染。按供水方式可分为直流供水和循环供水两种。

(3) 凝结水系统

各种空调设备在运行过程中产生的冷凝水必须及时排走。

5. 空调系统的冷热源

空调系统的冷源主要是制冷装置,而热源主要是蒸汽、热水以及电热,此外,还有既能供冷又能供热的冷热源一体化设备,如热泵机组、直燃性冷热水机组。

6. 空调系统的安装

空调系统的风管及部件的制作与安装同"通风系统的安装",空调系统水管安装同"给排水、采暖、燃气工程"。

三、《通风空调工程定额》分册说明释解

(1) 适用范围:适用于工业与民用建筑新建、扩建项目中的通风空调工程。

(2) 通风空调工程的刷油、绝热、防腐蚀,执行《刷油、防腐蚀、绝热工程》相应项目:

① 风管刷油与风管制作工程量相同。

② 风管部件刷油按部件质量计算。

(3) 通风空调工程中的冷却水、冷冻水等管道安装工程执行《给排水、采暖、燃气工程》相应项目。

(4) 关于下列各项费用的规定

① 脚手架搭拆费按人工费的5%计算,其中人工工资占25%,作为单价措施费计入。

② 高层建筑增加费:凡檐口高度>20 m的工业与民用建筑按表5-1计算(全部为定额人工费),作为单价措施费计入。

表 5-1 高层建筑增加费率表

檐口高度	≤30 m	≤40 m	≤50 m	≤60 m	≤70 m	≤80 m	≤90 m	≤100 m	≤110 m
按人工费的%	3	5	7	10	12	15	19	22	25
檐口高度	≤120 m	≤130 m	≤140 m	≤150 m	≤160 m	≤170 m	≤180 m	≤190 m	≤200 m
按人工费的%	28	32	35	38	41	44	47	50	53

③ 超高增加费(指操作物高度距离楼地面>6 m的工程)按超过部分人工费的15%计算,归入定额单价换算。

④ 系统调整费按系统工程人工费的11%计算,其中人工工资占25%(含恒温恒湿空调系统)。

(5) 本定额项目中的法兰垫料已按各种材料品种综合计入考虑,不得换算。

(6) 本定额项目中的板材如设计要求厚度不同者可以换算,其他不变。

(7) 风管连接法兰垫料,设计选用8501阻燃胶条,且建设单位同意使用的,不论风管材质、断面形式或大小,一律按每10 m²增加计价材料费12.11元计算。

(8) 本分册中通风管道、空调部件的制作费与安装费的比例可按表5-2划分。

表 5-2 通风管道、空调部件的制作费与安装费比例表

序号	项 目	制作占%			安装占%		
		人工	材料	机械	人工	材料	机械
1	薄钢板通风管道制作安装	60	95	95	40	5	5
2	调节阀制作安装	85	98	99	15	2	1
3	风口制作安装	85	98	99	15	2	1
4	风帽制作安装	75	80	99	25	20	1
5	罩类制作安装	78	98	95	22	2	5
6	消声器制作安装	91	98	99	9	2	1
7	空调部件及设备支架制作安装	86	98	95	14	2	1
8	通风空调设备安装				100	100	100
9	净化通风管道及部件制作安装	60	85	95	40	15	5
10	不锈钢板通风管道及部件制作安装	72	95	95	28	5	5
11	铝板通风管道及部件制作安装	68	95	95	32	5	5
12	塑料通风管道及部件制作安装	85	95	95	15	5	5
13	玻璃钢通风管道及部件安装				100	100	100
14	复合型风管制作安装	60	—	99	40	100	1

第二节 通风空调工程量计算

《通风空调工程》适用于工业与民用建筑新建、扩建项目中的通风空调工程。通风空调工

程定额工程量的计算,包括通风和空调设备及部件制作安装,通风管道制作安装,通风管道部件制作安装,通风工程检测、调试等内容。

一、通风和空调设备及部件制作安装

1. 空调设备

包括:开箱检查设备、附件、底座螺栓;吊装、找平、找正、垫垫、灌浆、螺栓固定、装梯子。

(1) 空气加热器(冷却器)安装:以"台"为计量单位。

(2) 除尘设备安装:以"台"为计量单位。

(3) 整体式空调机组、空调器、空气幕安装:以"台"为计量单位。

(4) 分段组装式空调器安装:以质量计算。

空调器不包括:对空调器压缩机进行拆洗。

(5) 风机盘管安装:以"台"为计量单位。

① 包括:风机盘管制作、安装、支架制作安装及支架除锈刷油。

② 不包括:风机盘管试压。

(6) 表冷器安装:以"台"为计量单位。

2. 钢板密闭门

分制作和安装,以"个"为计量单位。

(1) 制作包括:放样、下料、制作门框、零件、开视孔、填料、铆焊、组装。

(2) 安装包括:找正、固定。

3. 挡水板

分制作和安装,按空调器断面面积以"m^2"为计量单位。

(1) 制作包括:放样、下料、制作曲板、框架、底座、零件、钻孔、焊接、成型。

(2) 安装包括:找平、找正、上螺栓、固定。

4. 滤水器、溢水盘

制作按其质量以"kg"为计量单位;安装以"个"为计量单位。

(1) 制作包括:放样、下料、配制零件、钻孔、焊接、上网、组合成型。

(2) 安装包括:找平、找正、焊接管道、固定。

5. 电加热器外壳

分制作和安装,依图纸按质量计算。

6. 金属空调器壳体

分制作和安装,按其质量以"kg"为计量单位。

(1) 制作包括:放样、下料、调直、钻孔、制作箱体、水槽、焊接、组合、试装。

(2) 安装包括:就位、找平、找正、连接、固定、表面清理。

7. 设备支架

分制作和安装,依图纸按质量计算。

(1) 制作包括:放样、下料、调直、钻孔、焊接、成型。

(2) 安装包括:测位、上螺栓、固定、打洞、埋支架。

8. 过滤器安装

以"台"为计量单位。

(1) 包括:开箱、检查、配合钻孔、垫垫、口缝涂密封胶、试装、正式安装。
(2) 适用范围
① 低效过滤器指 M—A 型、WL 型、LWP 型等系列。
② 中效过滤器指 ZKL 型、YB 型、M 型、ZX-1 型等系列。
③ 高效过滤器指 GB 型、GS 型、JX-20 型等系列。
9. 净化工作台安装
以"台"为计量单位。
(1) 净化工作台指 XHK 型、BZK 型、SXP 型、SZP 型、SZX 型、SW 型、SZ 型、SXZ 型、TJ 型、CJ 型等系列。
(2) 包括:开箱、检查、配合钻孔、垫垫、口缝涂密封胶、试装、正式安装。
10. 风淋室安装
以"台"为计量单位。
包括:开箱、检查、配合钻孔、垫垫、口缝涂密封胶、试装、正式安装。
11. 洁净室安装
以质量计算。
包括:开箱、检查、配合钻孔、垫垫、口缝涂密封胶、试装、正式安装。
12. 除湿机安装
以"台"为计量单位。
13. 人防过滤吸收器安装
以"台"为计量单位。
14. 相关问题及说明
冷却塔、风机、箱体式风机、空调冷(热)源设备安装,执行《机械设备安装工程》相应项目。

二、通风管道制作安装

1. 风管制作安装
(1) 工程量计算规则
风管制作安装按设计图示尺寸以展开面积计算(复合风管按风管外径以展开面积计算),不扣除检查孔、测定孔、送风口、吸风口等所占面积;风管长度一律以设计图示中心线长度为准(主管与支管以其中心线交点划分),包括弯头、三通、变径管、天圆地方等管件的长度,但不包括部件所占的长度。风管展开面积不包括风管、管口重叠部分面积。直径和周长按图示尺寸为准展开。
风管项目表示的直径为内径,周长为内周长。
风管末端平封板按面积计算,圆形封头按展开面积计算。
① 圆管:$S = \pi D L$
② 矩形管:$S = 2(A + B)L$
式中:S——圆形/矩形风管展开面积;
D——圆管直径;
A、B——矩形风管断面边长;
L——管道中心线长度。

【例 5-1】 某排风除尘工程如图 5-4 所示,根据下列所给条件,列项计算通风管道工程量。

【解】 φ280 圆形通风管:π×0.28×[(3－2)＋1.5＋(12－4)＋3]＝11.87 m²

③ 渐缩管:整个通风系统设计采用渐缩管均匀送风,圆形风管按平均直径计算,矩形风管按平均周长计算。

(2) 工程内容

① 碳钢通风管道制作安装包括:风管制作(放样、下料、卷圆、折方、轧口、咬口、制作直管、管件、法兰、吊托支架、钻孔、铆焊、上法兰、组对);风管安装(找标高、打支架墙洞、配合预留孔洞、埋设吊托支架、组装、风管就位、找平、找正、制垫、垫垫、上螺栓、紧固);管件、法兰、加固框和吊托支架的制作、安装、除锈、刷油,以及支吊架安装使用的膨胀螺栓。

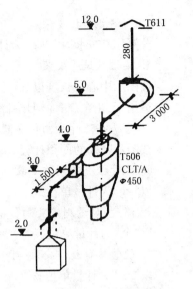

图 5-4 某排风除尘工程系统图

② 净化通风管道制作安装包括:风管制作(放样、下料、折方、轧口、咬口、制作直管、管件、法兰、吊托支架、钻孔、铆焊、上法兰、组对、口缝外表面涂密封胶、风管内表面清洗、风管两端封口);风管安装(找标高、找平、找正、配合预留孔洞、打支架墙洞、埋设支吊架、风管就位、组装、制垫、垫垫、上螺栓、紧固、风管内表面清洗、管口封闭、法兰口涂密封胶);管件、法兰、加固框和吊托支架的制作、安装、除锈、刷油,以及支吊架安装使用的膨胀螺栓。

③ 不锈钢板风管制作安装

a. 包括:风管制作(放样、下料、卷圆、折方、制作管件、组对焊接、试漏、清洗焊口);风管安装(找标高、清理墙洞、风管就位、组对焊接、试漏、清洗焊口、固定)。

b. 不包括:法兰、加固框和吊托支架制作安装。

④ 铝板通风管制作安装

a. 包括:铝板风管制作(放样、下料、卷圆、折方、制作管件、组对焊接、试漏、清洗焊口);铝板风管安装(找标高、清理墙洞、风管就位、组对焊接、试漏、清洗焊口、固定)。

b. 不包括:法兰制作安装。

⑤ 塑料通风管制作安装包括:风管制作(放样、锯切、坡口、加热成型、制作法兰、管件、钻孔、组合焊接);风管安装(就位、制垫、垫垫、法兰连接、找正、找平、固定);管件、法兰、加固框和吊托支架的制作、安装、除锈、刷油,以及支吊架安装使用的膨胀螺栓。

⑥ 玻璃钢通风管安装包括:找标高、打支架墙洞、配合预留孔洞、吊托支架制作及埋设、风管配合修补、粘接、组装就位、找平、找正、制垫、垫垫、上螺栓、紧固;管件、法兰、加固框和吊托支架的制作、安装、除锈、刷油,以及支吊架安装使用的膨胀螺栓。

⑦ 复合型风管制作安装包括:风管制作(放样、切割、开槽、成型、粘合、制作管件、钻孔、组合);风管安装(就位、制垫、垫垫、连接、找正、找平、固定);管件、法兰、加固框和吊托支架的制作、安装、除锈、刷油,以及支吊架安装使用的膨胀螺栓。

2. 不锈钢法兰、铝法兰

分制作和安装,以"kg"为计量单位。

3. 不锈钢吊托支架

分制作和安装,以"kg"为计量单位。

4. 柔性软风管安装

按图示中心线长度以"m"为计量单位。

适用于:由金属、涂塑化纤织物、聚酯、聚乙烯、聚氯乙烯薄膜、铝箔等材料制成的软风管。

5. 弯头导流叶片制作安装

按图示叶片的面积计算。

6. 风管检查孔制作安装

以"kg"为计量单位。

7. 温度、风量测定孔制作安装

以"个"为计量单位。

8. 软管接口制作安装

以"m²"为计量单位。

【例 5-2】 某空调工程组成如图 5-5 所示,根据下列所给条件,列项计算工程量。

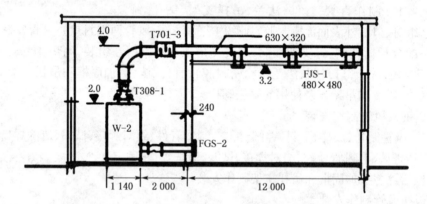

图 5-5 某空调工程系统图

【解】 (1) 空调器 W-2:1 台

(2) 软管接口 630×320,$L=300$ mm:$(0.63+0.32)\times0.3=0.29$ m²

(3) 对开多页调节阀 T308-1($L=200$ mm):1 个

(4) 镀锌钢板送风管 630×320:$(0.63+0.32)\times2\times[(4-2)-0.2-0.3+1.14/2+2-1+12-0.12]+0.63\times0.32=28.61$ m²

(5) 镀锌钢板送风管 480×480:$(0.48+0.48)\times2\times(4-3.2)\times3=4.61$ m²

(6) 消声器 T701-3($L=1\ 000$ mm):1 个

(7) 方形散流器 FJS-1:3 个

(8) 格栅式回风口 FGS-2:1 个

(9) 软管接口 500×800,$L=300$ mm:$(0.5+0.8)\times0.3=0.39$ m²

(10) 镀锌钢板回风管 500×800:(略)

三、通风管道部件制作安装

1. 阀门

(1) 碳钢调节阀:分制作和安装,制作按其质量计算,安装以"个"计算。

① 调节阀制作包括:放样、下料、制作短管、阀板、法兰、零件、钻孔、铆焊、组合成型。

② 调节阀安装包括:号孔、钻孔、对口、校正、制垫、垫垫、上螺栓、紧固、试动。

③ 碳钢蝶阀安装项目适用于圆形碳钢保温蝶阀,方形、矩形碳钢保温蝶阀,圆形碳钢蝶阀,方形、矩形碳钢蝶阀。风管碳钢止回阀安装项目适用于圆形风管碳钢止回阀、方形风管碳钢止回阀。

(2) 柔性软风管阀门安装:以"个"为计量单位。

(3) 铝蝶阀:分制作和安装,制作按其质量计算,安装以"个"计算。

① 制作包括:下料、平料、开孔、钻孔、组对、铆焊、攻丝、清洗焊口、组装固定、试动、短管、零件、试漏。

② 安装包括:制垫、垫垫、找平、找正、组对、固定、试动。

(4) 不锈钢蝶阀:分制作和安装,制作按其质量计算,安装以"个"计算。

① 制作包括:下料、平料、开孔、钻孔、组对、铆焊、攻丝、清洗焊口、组装固定、试动、短管、零件、试漏。

② 安装包括:制垫、垫垫、找平、找正、组对、固定、试动。

(5) 塑料阀门:以"kg"为计量单位。

(6) 玻璃钢蝶阀安装:以"个"为计量单位。

安装包括:组对、组装、就位、找正、制垫、垫垫、上螺栓、紧固。

2. 风口、散流器、百叶窗

(1) 碳钢风口、散流器制作安装:分制作和安装,制作除风管插板风口以"个"为计量单位,钢百叶窗以"m^2"为计量单位外,其余均以"kg"为计量单位,安装以"个"计算。

① 风口制作包括:放样、下料、开孔、制作零件、外框、叶片、网框、调节板、拉杆、导风板、弯管、天圆地方、扩散管、法兰、钻孔、铆焊、组合成型。

② 风口安装包括:对口、上螺栓、制垫、垫垫、找正、找平、固定、试动、调整。

③ 碳钢百叶风口安装项目适用于碳钢带调节板活动百叶风口、单层百叶风口、双层百叶风口、三层百叶风口、连动百叶风口、135 型单层百叶风口、135 型双层百叶风口、135 型带导流叶片百叶风口、活动金属百叶风口。

④ 碳钢送吸风口安装项目适用于碳钢单面送吸风口、双面送吸风口。

⑤ 碳钢散流器安装项目适用于碳钢圆形直片散流器、方形直片散线器、流线型散流器。

(2) 不锈钢风口、散流器、百叶窗:分制作和安装,以"kg"为计量单位。

① 制作包括:下料、平料、开孔、钻孔、组对、铆焊、攻丝、清洗焊口、组装固定、试动、短管、零件、试漏。

② 安装包括:制垫、垫垫、找平、找正、组对、固定、试动。

(3) 塑料风口、散流器、百叶窗:以"kg"为计量单位。

(4) 玻璃钢风口:以"个"为计量单位。

安装包括:组对、组装、就位、找正、制垫、垫垫、上螺栓、紧固。

(5)铝及铝合金风口、散流器:分制作和安装,制作以"kg"为计量单位,安装除孔板风口以"kg"为计量单位外,其余均以"个"为计量单位。

① 制作包括:下料、平料、开孔、钻孔、组对、铆焊、攻丝、清洗焊口、组装固定、试动、短管、零件、试漏。

② 安装包括:制垫、垫垫、找平、找正、组对、固定、试动。

3. 风帽

(1)碳钢风帽:分制作和安装,制作以"kg"为计量单位,安装以"个"为计量单位。

① 风帽制作包括:放样、下料、咬口、制作法兰、零件、钻孔、铆焊、组装。

② 风帽安装包括:安装、找正、找平、制垫、垫垫、上螺栓、固定。

(2)塑料风帽:以"kg"为计量单位。

(3)铝板风帽:分制作和安装,制作以"kg"为计量单位,安装以"个"为计量单位。

① 制作包括:下料、平料、开孔、钻孔、组对、铆焊、攻丝、清洗焊口、组装固定、试动、短管、零件、试漏。

② 安装包括:制垫、垫垫、找平、找正、组对、固定、试动。

(4)玻璃钢风帽:以"kg"为计量单位。

安装包括:组对、组装、就位、找正、制垫、垫垫、上螺栓、紧固。

(5)筒形风帽滴水盘:分制作和安装,制作按其质量计算,安装以"个"计算。

(6)风帽筝绳:分制作和安装,按质量计算。

(7)风帽泛水:分制作和安装,以"m^2"为计量单位。

4. 罩类

(1)碳钢罩类:分制作和安装,制作按其质量以"kg"为计量单位,安装除皮带防护罩和电机防雨罩以"kg"为计量单位外,其余均以"个"为计量单位。

① 罩类制作包括:放样、下料、卷圆、制作罩体、来回弯、零件、法兰、钻孔、铆焊、组合成型。

② 罩类安装包括:埋设支架、吊装、对口、找正、制垫、垫垫、上螺栓、固定配重环及钢丝绳、试动调整。

(2)塑料罩类:以"kg"为计量单位。

5. 柔性接口

以"m^2"为计量单位。

6. 消声器

除片式消声器、矿棉管式消声器、聚酯泡沫管式消声器、卡普隆纤维管式消声器、弧形声流式消声器、阻抗复合式消声器以"kg"为计量单位外,其余均以"只"为计量单位。

(1)消声器制作包括:放样、下料、钻孔、制作内外套管、木框架、法兰、铆焊、粘贴、填充消声材料、组合。

(2)消声器安装包括:组对、安装、找正、找平、制垫、垫垫、上螺栓、固定。

7. 静压箱

分制作和安装:以"m^2"为计量单位。

(1)静压箱制作包括:放样、下料、零件、法兰、预留预埋、钻孔、铆焊、制作、组装、擦洗。

(2)部件安装包括:测位、找平、找正、制垫、垫垫、上螺栓、清洗。

8. 人防部件

(1) 人防超压自动排气阀:以"个"为计量单位。
(2) 人防手动密闭阀:以"个"为计量单位。
(3) 滤尘器:以"块"为计量单位。
(4) 气密性试验:以"m"为计量单位。
(5) 气密测量管:以"个"为计量单位。
(6) 人防工程穿墙密闭套管制作安装:以"个"为计量单位。

四、通风工程检测、调试

1. 风管漏光试验、漏风试验

以"m^2"为计量单位。

包括:准备工作、制堵盲板、装设测试仪器、检验、测试、拆盲板、现场清理。

2. 相关问题及说明

通风空调工程调试费用执行《措施项目》相应项目。包括:通风管道风量测定、风压测定、温度测定、各系统风口、阀门调整。

第三节 通风空调工程工程量计算实例

一、背景资料

本工程为某工厂车间送风系统的安装,其施工图如图 5-6、图 5-7 和图 5-8 所示。室外空气由空调箱的固定式钢百叶窗引入,经保温阀去空气过滤器过滤,再由上通阀进入空气加热器(冷却器),加热或降温后的空气由帆布软管,经风机圆形瓣式启动阀进入风机,由风机驱动进入主风管,再由六根支管上的空气分布器送入室内。空气分布器前均设有圆形蝶阀,供调节风量用。

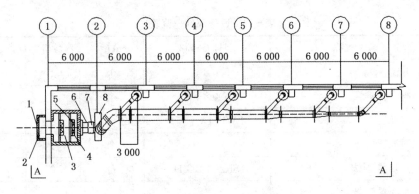

图 5-6 通风系统平面图

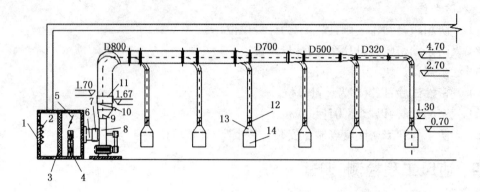

图 5-7 通风系统 A-A 剖面图

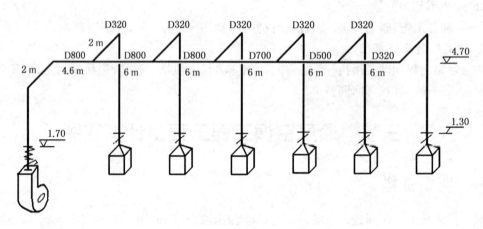

图 5-8 通风管网系统图

该工程风管采用热轧薄钢板,风管壁厚:DN500 以内,$\delta=0.75$mm;DN500 以上,$\delta=1.0$ mm。风管角钢法兰规格:DN500 以内,L 25×4;DN500 以上,L 30×4。设备部件一览表见表 5-3。

表 5-3 设备部件一览表

编号	名称	型号及规格	单位	数量	备注
1	钢百叶窗	500×400	个	1	20 kg
2	保温阀	500×400	个	1	13.95 kg
3	空气过滤器	LWP-D(Ⅰ型)	台	1	
	空气过滤器框架		个	1	41 kg
4	空气加热器(冷却器)	SRZ-12×6D	台	2	139 kg
	空气加热器支架				9.64 kg
5	空气加热器上通阀	1 200×400	个	1	23.16 kg
6	风机圆形瓣式启动阀	D800	个	1	42.38 kg
7	帆布软接头	D600	个	1	$L=300$ mm

续表 5-3

编号	名 称	型号及规格	单位	数量	备 注
8	离心式通风机	T4-72No8C	台	1	
	电动机	Y200L-4 300 kW	台	1	
	皮带防护罩	C式Ⅱ型	个	1	15.5 kg
	风机减震台	CG327 8C	kg	291.3	
9	天圆地方管	D800/560×640	个	1	$H=400$ mm
10	密闭式斜插板阀	D800	个	1	40 kg
11	帆布软接头	D800	个	1	$L=300$ mm
12	圆形蝶阀	D320	个	6	5.78 kg
13	天圆地方管	D320/600×300	个	6	$H=200$ mm
14	空气分布器	4# 600×300	个	6	12.42 kg

二、分析计算步骤

1. 通风管道部件制作安装

钢百叶窗制作：0.5×0.4＝0.2 m²

2. 通风管道制作安装

(1) DN800：$0.8\pi \times [0.4+(4.7-1.7)+2+4.6+6\times 2]=55.26$ m²

(2) DN700：$0.7\pi \times 6=13.19$ m²

(3) DN500：$0.5\pi \times 6=9.42$ m²

(4) DN320：$0.32\pi \times \{6+[2+(4.7-1.3)+0.2]\times 6\}=39.79$ m²

(5) 帆布软接头制作安装：$\pi \times 0.6 \times 0.3+\pi \times 0.8 \times 0.3=1.32$ m²

三、汇总工程量表（见表5-4）

表 5-4 工程量汇总表

序号	项 目 名 称	单位	工程量
1	固定式钢百叶窗制作 500×400	m²	0.20
2	固定式钢百叶窗安装 500×400	个	1
3	碳钢保温阀制作 500×400	kg	13.95
4	碳钢保温阀安装 500×400	个	1
5	低效空气过滤器安装 LWP-D(Ⅰ型)	台	1
6	空气过滤器框架制作、安装	kg	41.00
7	空气加热器(冷却器)安装 SRZ-12×6D 单重 139 kg	台	2

续表 5-4

序号	项 目 名 称	单位	工程量
8	空气加热器支架制作、安装	kg	9.64
9	碳钢空气加热器上通阀制作 1 200×400	kg	23.16
10	碳钢空气加热器上通阀安装 1 200×400	个	1
11	碳钢风机圆形瓣式启动阀制作 单重 42.38 kg	kg	42.38
12	碳钢风机圆形瓣式启动阀安装 DN800	个	1
13	帆布软接头制作安装	m²	1.32
14	离心式通风机安装 T4-72No8C 8#	台	1
15	电动机安装 Y200L-4 300 kW	台	1
16	碳钢皮带防护罩制作、安装 C 式Ⅱ型	kg	15.50
17	风机减震台制作、安装 CG327 8C	kg	291.30
18	碳钢密闭式斜插板阀制作 单重 40 kg	kg	40.00
19	碳钢密闭式斜插板阀安装 DN800	个	1
20	圆形热轧薄钢板风管制作安装 δ=1.0 mm DN800	m²	55.26
21	圆形热轧薄钢板风管制作安装 δ=1.0 mm DN700	m²	13.19
22	圆形热轧薄钢板风管制作安装 δ=0.75 mm DN500	m²	9.42
23	圆形热轧薄钢板风管制作安装 δ=0.75 mm DN320	m²	39.79
24	碳钢圆形蝶阀制作 单重 5.78 kg	kg	34.68
25	碳钢圆形蝶阀安装 DN320(周长 1 004.8 mm)	个	6
26	碳钢矩形空气分布器制作 600×300	kg	74.52
27	碳钢矩形空气分布器安装 周长 1 800 mm	个	6

单元小结

本章重点是讲述通风空调工程,是对通风空调系统管道及附件等内容的知识介绍,学习的重点和难点是各种通风管道安装等内容。注意结合定额及图纸进行同步讲授学习,各种通风及空调设备、附件安装则要重点把握其包括和未包括的项目内容,避免重项和漏项。同时,本章主要是介绍定额规则,学习中要与工程量计算规范结合思考,把握其异同点。

复习思考题

1. 简述题

(1)通风空调工程的单价措施费有哪些?安装定额分册进行列出。

(2)各种通风管道安装定额内已经包括的内容和未包括的项目内容各有哪些?

(3) 通风空调工程识图应把握哪些要点？

2. 单项选择题

(1) 通风空调工程中的冷却水、冷冻水等管道安装工程执行（　　）相应项目。
  A. 通风空调工程　　　　　　　　B. 工业管道工程
  C. 消防工程　　　　　　　　　　D. 给排水、采暖、燃气工程

(2) 分段组装式空调器以（　　）计算。
  A. 台　　　　B. 套　　　　C. kg　　　　D. 个

(3) 风管长度一律以设计图示中心线长度为准，主管与支管以其（　　）交点划分。
  A. 外边线　　　B. 内边线　　　C. 中心线　　　D. 偏心线

(4) 风管项目表示的直径为（　　），复合风管按风管（　　）以展开面积计算。
  A. 内径　　　B. 外径　　　C. 平均直径　　　D. 公称直径

(5) 风帽筝绳按（　　）计算；风帽泛水以（　　）为计量单位。
  A. 个　　　　B. m²　　　　C. m　　　　D. kg

3. 多项选择题

(1) 碳钢通风管道制作安装包括（　　）；不锈钢通风管道安装包括（　　）；铝板通风管道制作安装包括（　　）。
  A. 管件制作安装　　　　　　　　B. 法兰制作安装
  C. 加固框和吊托支架制作安装　　D. 送风口、吸风口制作安装
  E. 检查孔、测定孔制作安装　　　F. 风管制作安装

(2) 风管制作安装按设计图示尺寸以展开面积计算，不扣除（　　）等所占面积。
  A. 送风口　　　B. 检查孔　　　C. 阀门　　　D. 吸风口
  E. 测定孔　　　F. 散流器

(3) 风管制作安装是按（　　）划分定额项目。
  A. 规格尺寸　　　　　　　　　　B. 材质
  C. 安装位置　　　　　　　　　　D. 断面形状

4. 判断题

(1)（　　）风管刷油与风管制作工程量相同。

(2)（　　）风管部件刷油按部件表面积计算。

(3)（　　）整个通风系统设计采用渐缩管均匀送风，圆形风管按平均周长计算，矩形风管按平均直径计算，执行相应规格项目。

(4)（　　）不锈钢通风管道安装不包括法兰制作安装。

(5)（　　）风管末端平封板按面积计算，圆形封头按展开面积计算。

(6)（　　）计算风管工程量时，阀门所占的长度不扣除。

第六章 电气安装工程量计算

> **知识重点**
>
> 1. 掌握电气安装工程相关基础知识内容。
> 2. 掌握电气安装工程施工图的识读方法。
> 3. 电气安装工程定额工程量的计算方法。

> **基本要求**
>
> 1. 能够识读电气安装工程施工图纸。
> 2. 理解定额规则,掌握电气安装工程列项及工程量计算方法。
> 3. 培养学生手工计算电气安装工程工程量的计算能力。

第一节 建筑电气工程基础知识

一、电力系统

如图6-1所示,电力系统一般由发电厂、输电线路、变电所、配电线路及用电设备构成。通用安装工程(建筑电气安装工程定额)适用于新建、扩建工程中的 10 kV 以下变配电设备及线路、车间动力电气设备及电气照明器具、防雷及接地装置、配管配线、电气调整试验等的安装工程。

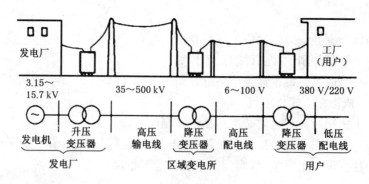

图 6-1 电力系统示意图

(1) 1 kV 以上的电压称为高压,1 kV 以下的电压称为低压。

(2) 6～10 kV 电压用于送电距离为 10 km 左右的工业与民用建筑的供电。

(3) 380 V 电压用于民用建筑内部动力设备供电或向工业生产设备供电；220 V 电压则用于向小型电器和照明系统供电。

二、低压配电系统

高压供电通过降压变压器将电压降至 380 V 后供给用户，通过建筑内部的低压配电系统将电能供应到各个用电设备。

低压配电系统可分为动力和照明配电系统，由配电装置及配电线路组成。低压配电一般采用 380 V/220 V 中性点直接接地系统。低压配电的接线方式有放射式、树干式及混合式之分，如图 6-2 所示。

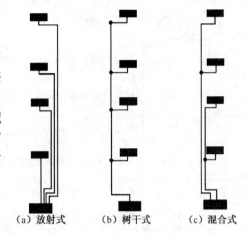

(a) 放射式　　(b) 树干式　　(c) 混合式

图 6-2　配电方式

三、配电线路

1. 线材类型

(1) 绝缘导线

室内低压线路一般采用绝缘导线，其型号一般用表 6-1 中符号表示。

表 6-1　常用绝缘导线

	名　称	用　途
BV	铜芯塑料绝缘线	室内明装固定敷设或穿管敷设用
BLV	铝芯塑料绝缘线	
BVV	铜芯塑料绝缘及护套线	室内明装固定敷设或穿管敷设用，可采用铝卡片敷设
BLVV	铝芯塑料绝缘及护套线	
BXF	铜芯氯丁橡皮绝缘线	室内外明装固定敷设用
BLXF	铝芯氯丁橡皮绝缘线	
BBX	铜芯玻璃丝编织橡皮绝缘线	室内外明装固定敷设用
		室内外明装固定敷设用或穿管敷设用
BBLX	铝芯玻璃丝编织橡皮绝缘线	室内外明装固定敷设用
		室内外明装固定敷设用或穿管敷设用

(2) 电缆

电缆(见表 6-2)的种类很多，按其用途可分为电力电缆和控制电缆两大类；按其绝缘材料可分为油浸纸绝缘电缆、橡皮绝缘电缆和塑料绝缘电缆三大类。一般都由线芯、绝缘层和保护层三个部分组成。线芯分为单芯、双芯、三芯及多芯。

表 6-2 电缆种类及用途

型号		名 称	主要用途
铝芯	铜芯		
VLV	VV	聚氯乙烯护套电力电缆	敷设在室内、隧道内及管道中,不能受机械外力作用
VLV_{29}	VV_{29}	聚氯乙烯护套内钢带铠装电力电缆	敷设在地下,能承受机械外力作用,但不能承受大的拉力
VLV_{30}	VV_{30}	聚氯乙烯护套裸细钢丝铠装电力电缆	敷设在室内,能承受机械外力作用,并能承受相当的拉力
VLV_{39}	VV_{39}	聚氯乙烯护套内细钢丝铠装电力电缆	敷设在水中
VLV_{50}	VV_{50}	聚氯乙烯护套裸粗钢丝铠装电力电缆	敷设在室内,能承受机械外力作用,并能承受较大的拉力
VLV_{50}	VV_{50}	聚氯乙烯护套裸粗钢丝铠装电力电缆	敷设在水中,能承受较大的拉力
	RVVP	铜芯聚氯乙烯绝缘屏蔽聚氯乙烯护套软电缆	电压 300V/300V 2 芯到 24 芯
	RG	物理发泡聚乙烯绝缘接入网电缆	同轴光纤混合网(HFC)中传输数据模拟信号
	UTP	局域网电缆	传输电话,计算机数据,防火、防盗保安系统,智能楼宇信息网
	KVVP、KVV	聚氯乙烯护套编织屏蔽电缆、聚氯乙烯绝缘控制电缆	电器、仪表、配电装置的信号传输、控制、测量
	SYWV(Y)、SYKV	同轴电缆:单根无氧圆铜线+物理发泡聚乙烯(绝缘)+(锡丝+铝)+聚氯乙烯(聚乙烯)	有线电视、宽带网专用电缆
	RVV (227IEC52/53)	聚氯乙烯绝缘软电缆	家用电器、小型电动工具、仪表及动力照明
	AVVR	聚氯乙烯护套安装用软电缆	
	SBVV HYA	数据通信电缆	室内、外用于电话通信及无线电设备的连接以及电话配线网的分线盒接线用
	RV、RVP	聚氯乙烯绝缘电缆	
	SFTP	双绞线	传输电话、数据及信息网

2. 线路敷设方式、敷设部位及代号

(1) 绝缘导线的敷设

绝缘导线的敷设方式可分为明敷和暗敷。明敷方式有:绝缘支柱(绝缘子、瓷珠或线夹)上,电线直接沿墙、天棚等建筑物结构敷设(用线卡固定),称为直敷布线或线卡布线,导线穿金属(塑料)管或金属(塑料)线槽直接敷设在墙、天棚表面。

(2) 电缆敷设

① 室外电缆可以架空敷设和埋地敷设。

② 室内电缆通常采用桥架、线槽及电缆保护管敷设。

(3) 线路敷设方式及敷设部位代号分别见表 6-3 和表 6-4。

表 6-3 线路敷设方式代号 (GB/T 50786—2012)

序号	代号	名 称	序号	代号	名 称
1	SC	焊接钢管敷设	8	CL	电缆梯架敷设
2	MT	碳素钢管敷设	9	MR	金属槽盒敷设
3	CP	可绕金属管敷设	10	PR	塑料槽盒敷设
4	PC	硬塑料管敷设	11	M	钢索敷设
5	FPC	阻燃半硬塑料敷设	12	DB	直埋敷设
6	KPC	塑料波纹电线管敷设	13	TC	电缆沟敷设
7	CT	电缆托盘敷设	14	CE	电缆排管敷设

表 6-4 线路敷设部位代号 (GB/T 50786—2012)

序号	代号	名 称	序号	代号	名 称
1	AB	沿或跨梁(屋架)敷设	7	CC	顶板内暗敷
2	AC	沿和跨柱敷设	8	BC	梁内暗敷
3	CE	沿吊顶或顶板面敷设	9	CLC	柱内暗敷
4	SCE	吊顶内敷设	10	WC	墙内暗敷
5	WS	沿墙面敷设	11	FC	地板或地面下暗敷
6	RS	沿屋面敷设			

3. 线缆敷设标注方式

$$ab-c(d\times e+f\times g)i-jh$$

式中:a——参照代号;

b——型号;

c——电缆根数;

d——相导体根数;

e——相导体截面(mm^2);

f——N、PE 导体根数;

g——N、PE 导体截面(mm^2);

h——安装高度;

i——敷设方式及管径;

j——敷设部位。

四、变配电设备

1. 配电柜(盘)

为了集中控制和统一管理供配电系统,常把整个系统中或配电分区中的开关、计量、保护和信号等设备分路集中布置在一起,形成各种配电柜(盘)。

2. 刀开关

刀开关是最简单的手动控制电器,可用于非频繁接通和切断容量不大的低压供电线路并兼做电源隔离开关。刀开关按工作原理和结构形式可分为胶盖闸刀开关、刀形转换开关、铁壳开关、熔断式刀开关、组合开关五类。

"H"为刀开关和转换开关的产品编码,HD 为刀型开关,HH 为封闭式负荷开关,HK 为开房式负荷开关,HR 为熔断式刀开关,HS 为刀型转换开关,HZ 为组合开关。

3. 熔断器

熔断器是一种保护电器,它主要由熔体和安装熔体用的绝缘体组成。它在低压电网中主要用作短路保护,有时也用于过载保护。熔断器的保护作用靠熔体来完成,一定截面的熔体只能承受一定值的电流,当通过的电流超过规定值时,熔体将熔断,从而起到保护作用。

汉语拼音"R"为熔断器的型号编码,RC 为插入式熔断器,RH 为汇流排式,RL 为螺旋式,RM 为封闭管式,RS 为快速式,RT 为填料管式,RX 为限流式熔断器。

4. 自动空气开关

自动空气开关属于一种能自动切断电路故障的控制兼保护电器。在正常情况下,可作"开"与"合"的开关作用;在电路出现故障时,自动切断故障电路,主要用于配电线路的电气设备过载、失压和短路保护。自动空气开关动作后,只要切除或排除了故障一般不需要更换零件,又可以再投入使用。

自动空气开关按其用途可分为配电用空气开关、电动机保护用空气开关、照明用自动空气开关;按其结构可分为塑料外壳式、框架式、快速式、限流式等;但基本形式主要有万能式和装置式两种,分别用 W 和 Z 表示。

五、灯具

1. 灯具的分类

(1) 电光源按照其工作原理分类

一类是热辐射光源,如白炽灯、卤钨灯等;另一类是气体放电水源,如荧光灯、高压汞灯、高压钠灯、金属卤化物灯等。

(2) 按结构分类

① 开启式灯具。光源与外界环境直接相通。

② 保护式灯具。具有闭合的透光罩,但内外仍能自由通气,如半圆罩天棚灯和乳白玻璃球形灯等。

③ 密封式灯具。透光罩将灯具内外隔绝,如防水防尘灯具。

④ 防爆式灯具。在任何条件下,不会产生因灯具引起爆炸的危险。

(3) 按固定方式分类

① 吸顶灯。直接固定于顶棚上的灯具称为吸顶灯。

② 镶嵌灯。灯具嵌入顶棚中。

③ 吊灯。吊灯是利用导线或钢管(链)将灯具从顶棚上吊下来。大部分吊灯都带有灯罩。灯罩常用金属、玻璃和塑料制作而成。

④ 壁灯。壁灯装设在墙壁上,在大多数情况下与其他灯具配合使用。除有实用价值外,也有很强的装饰性。

2. 灯具安装表达方式

表 6-5　灯具安装方式代号（GB/T 50786—2012）

序号	代号	名　　称	序号	代号	名　　称
1	SW	线吊式	7	CR	吊顶内安装
2	CS	链吊式	8	WR	墙壁内安装
3	DS	管吊式	9	S	支架上安装
4	W	壁装式	10	CL	柱上安装
5	C	吸顶式	11	HM	座装
6	R	嵌入式			

3. 常用灯具标注方式

标注方式：$a-b \times \dfrac{c \times d \times L}{e} \times f$

式中：a——数量；b——型号；c——每盏灯具的光源数量；d——光源安装容量；e——安装高度（"—"表示吸顶）；L——光源种类；f——安装方式。

六、开关

照明开关有单联单控、单联双控、双联双控。

单联单控为一个开关控制一盏灯。

单联双控为两个开关都可控制一盏灯，单联双控开关有三个端子，一个为火线进线端，另外两个为火线出线端，即在两个开关之间设两根火线。

双联双控为两个开关都可分别控制两盏灯。空气开关有单极、2极、3极、4极。单极控制火线，2极控制火线和零线，3极控制三相，4极控制三相加上零线。

极：引进开关上端口的线数，即可以同时接通或断开的线数。

联：同一面板上有几个相同的开关就叫几联。

控：开关动作后，能接通（或断开）在不同位置的触点数量。简明的叫法是几刀几切（也叫掷、控）。如单刀双切、双刀双切。指针万用表的转换开关为多刀多切（同时转变多个回路的通断）。电压换相开关也是多刀多切。

七、插座

插座根据控制形式可以分为无开关、总开关、多开关三种类别。

电源插座根据安装形式可以分为墙壁插座、地面插座两种类别。墙壁开关可分为三孔、四孔、五孔、组合孔插座等。

八、《四川省建设工程工程量清单计价定额》（通用安装工程—电气设备安装定额）分册说明解释

（1）适用范围：适用于新建、扩建工程中 10 kV 以下变配电设备及线路、车间动力电气设备及电气照明器具、防雷及接地装置、配管配线、电气调整试验等的安装工程。

(2) 本定额的工程内容除各章节已说明的工序外,还包括施工准备、设备器材工器具的场内搬运、开箱检查、安装、调整试验、收尾、清理、配合质量检验、工种间交叉配合、临时移动水和电源的停歇时间。

(3) 本定额不包括以下内容:

① 10 kV 以上及专业项目的电气设备安装。

② 电气设备(如电动机等)本体安装及配合机械设备进行单体试运转和联合试运转工作。

③ 起重机的机械部分以及电机的安装,应执行《机械设备安装工程》相应项目。

(4) 关于下列费用的计算

① 脚手架搭拆费(10 kV 以下架空线路除外):当操作高度离楼地面>5 m 的,按超高部分定额人工费的 15% 计算,其中人工工资占 25%,作为单价措施费计入。

② 工程超高增加费(已考虑超高因素的定额项目除外):当操作高度离楼地面>5 m 的,则按照超高部分定额人工费的 33% 计算,归入定额单价换算。

③ 高层建筑增加费:凡檐口高度>20 m 的工业与民用建筑,按表 6-6 计算(以定额人工费为取费基数,增加部分全部为定额人工费),作为单价措施费计入。

表 6-6 高层建筑增加费率表

檐高	≤30 m	≤40 m	≤50 m	≤60 m	≤70 m	≤80 m	≤90 m	≤100 m	≤110 m
费率(%)	1	2	4	6	8	10	13	16	19
檐高	≤120 m	≤130 m	≤140 m	≤150 m	≤160 m	≤170 m	≤180 m	≤190 m	≤200 m
费率(%)	22	25	28	31	34	37	40	43	46

注:高层建筑中的变配电装置安装工程,如装在高层建筑的底层或地下室,不计取高层建筑增加费。

(5) 本定额中部分未定量的未计价材料的损耗率按表 6-7 计算。

表 6-7 未计价材料损耗率表

序号	材 料 名 称	损耗率(%)
1	裸软导线(包括铜、铝、钢线、钢芯铝线)	1.3
2	绝缘导线(包括橡皮铜、塑料铅皮、软花)	1.8
3	电力电缆	1.0
4	控制电缆	1.5
5	硬母线(包括钢、铝、铜、带型、管型、棒型、槽型)	2.3
6	拉线材料(包括钢绞线、镀锌铁线)	1.5
7	管材、管件(包括无缝、焊拉钢管及电线管)	3.0
8	板材(包括钢板、镀锌薄钢板)	4.0
9	型钢	5.0
10	管体(包括管箍、护口、锁紧螺母、管卡子等)	3.0
11	金具(包括耐张、悬垂、并沟、吊接等线夹及连板)	1.0
12	紧固件(包括螺栓、螺母、垫圈、弹簧垫圈)	2.0

续表 6-7

序号	材 料 名 称	损耗率(%)
13	木螺栓、圆钉	4.0
14	绝缘子类	2.0
15	照明灯具及辅助器具(成套灯具、镇流器、电容器)	1.0
16	荧光灯、高压水银、氙气灯等	1.5
17	白炽灯泡	3.0
18	玻璃灯罩	5.0
19	胶木开关、灯头、插销等	3.0
20	低压电瓷制品(包括鼓绝缘子、瓷夹板、瓷管)	3.0
21	低压保险器、瓷闸盒、胶盖闸	1.0
22	塑料制品(包括塑料槽板、塑料板、塑料管)	5.0
23	木槽板、木护圈、方圆木台	5.0
24	木杆材料(包括木杆、横担、横木、桩木等)	1.0
25	混凝土制品(包括电杆、底盘、卡盘等)	0.5
26	石棉水泥板及制品	8.0
27	油类	1.8
28	砖	4.0
29	砂	8.0
30	石水泥	8.0
31	铁壳	4.0
32	开关	1.0
33	砂浆	3.0
34	木材	5.0
35	橡皮垫	3.0
36	硫酸	4.0
37	蒸馏水	10.0

注：(1)绝缘导线、电缆、硬母线和用于母线的裸软导线,其损耗率中不包括为连接电气设备、器具而预留的长度,也不包括因各种弯曲(包括弧度)而增加的长度。这些长度均应计算在工程量的基本长度中。
(2)用于 10 kV 以下架空线路中的裸软导线的损耗率中已包括因弧垂及因杆位高低差而增加的长度。
(3)拉线用的镀锌铁线损耗率中不包括为制作上、中、下把所需的预留长度。计算用线量的基本长度时,应以全根拉线的展开长度为准。
(4)注意分析损耗率在计算未计价材料费时的不同处理办法。

(6)本定额未编制的《通用安装工程工程量计算规范》(GB 50856—2013)的项目有:中杆灯(编码:030412008)、高杆灯(编码:030412009)、桥栏杆灯(编码:030412010)、地道涵洞灯(编码:030412011)、管道包封(编码:030413004),执行《市政工程》相关定额项目。

第二节　电气安装工程量计算

一、变压器安装

1. 关于变压器

(1) 变压器是利用电磁感应的原理来改变交流电压的装置。

(2) 组成部件：包括器身（铁芯、绕组、绝缘、引线）、变压器油、油箱和冷却装置、调压装置、保护装置（吸湿器、安全气道、气体继电器、储油柜及测温装置等）和出线套管。主要构件是初级线圈、次级线圈和铁芯（磁芯）。

(3) 作用：在电器设备和无线电路中，常用作升降电压、匹配阻抗、安全隔离等。主要功能有：电压变换、电流变换、阻抗变换、隔离、稳压（磁饱和变压器）等。

(4) 分类：

① 用途：配电变压器、电力变压器。

② 形式：全密封变压器、组合式变压器。

③ 定额：干式变压器、油浸式变压器、自耦式变压器、电炉变压器、整流变压器、有载调压变压器等。

2. 工程量计算规则

(1) 变压器安装：按"台"计算。

已包括：本体及附件安装；补充注油及密封试验；接地、补漆；配合电气试验。

未包括：

① 干燥棚、滤油棚的搭拆，按实计算。

② 铁梯及母线铁构件制作安装，执行"D.13 铁构件制作安装"。

③ 端子箱、控制箱的制作、安装。

④ 油样试验、化验及色谱分析。

⑤ 二次喷漆。

(2) 消弧线圈：按"台"计算。

电网发生单相接地故障后，故障点流过电容电流，消弧线圈提供电感电流进行补偿，使故障点电流降至 10 A 以下，有利于防止弧光过零后重燃，达到灭弧的目的，防止高幅值过电压出现的几率，防止事故进一步扩大。

包括：本体及附件安装；补充注油及密封试验；接地、补漆；配合电气试验。

未包括：基础型钢制作、安装；网门、保护门制作安装；二次喷漆油漆。

(3) 变压器干燥：按"台"计算。

通过试验，需要干燥时才计算。

(4) 变压器油过滤：按"t"计算，不计次数，注意油量的考虑。

(5) 网门、保护网制作、安装：按"m^2"计算。

二、配电装置安装

1. 关于配电装置

开关电器、载流导体以及保护和测量电器等设备,按一定要求组建而成的电工建筑,称为配电装置,是用来接受和分配电能的装置。包括开关电器(断路器、隔离开关、负荷开关等)、保护电器(熔断器、继电器、避雷器等)、测量电器(电流互感器、电压互感器、电流表、电压表等)以及母线和载流导体。配电装置按其设置的场所可分为户内配电装置和户外配电装置;按其电压等级又分为高压配电装置和低压配电装置;按其结构形式又分为成套配电装置(开关柜)和装配式。

2. 工程量计算规则

(1) 断路器、电流互感器、电压互感器、油浸电抗器以及电容器柜:按"台"计算。

(2) 隔离开关、负荷开关、熔断器、避雷器、干式电抗器:按"组"计算。

(3) 交流滤波器:按"台"计算。

不包括:铜母线的安装。

(4) 高压成套配电柜:按"台"计算。

未包括:基础槽钢制作安装、母线及引下线的安装。

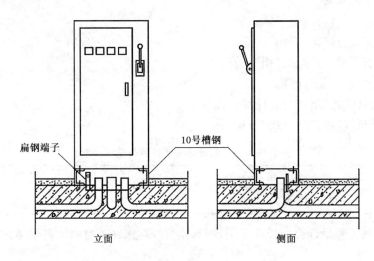

图 6-3 成套落地式配电柜安装示意图

(5) 组合型成套箱式变电站:按"台"计算。

包括:基础槽钢制作安装、母线及引下线的安装。

分为:带高压开关和不带高压开关。

组合型低压成套配电装置执行 D.4 箱式配电室。

(6) 地埋式变压器:按"台"计算。

分为:半埋式、全埋式和地埋式。

未包括土方挖填运,混凝土浇筑等内容。

备注:以上设备安装未包括:①端子箱安装;②设备支架制作安装;③绝缘油过滤;④基础槽钢(角钢)制作安装。

三、母线安装

1. 关于母线

母线用于变电所中各级电压配电装置的连接以及变压器等电气设备和相应配电装置的连接,其作用是汇集、分配和传送电能。按结构可分为软母线(见图 6-4)、硬母线(包括带形母线和槽形母线(见图 6-5))和共箱母线(见图 6-6)。

图 6-4 软母线

图 6-5 槽形母线

图 6-6 共箱母线

2. 工程量计算规则

(1) 软母线

① 软母线安装:按"跨/三相"计算。

② 软母线引下线:按"组/三相"计算。

③ 跳线:按"组/三相"计算。

④ 设备连接线:按"组/三相"计算。

(2) 组合软母线:按"组/三相"计算。

表 6-8 软母线安装预留长度   单位:m/根

项 目	耐 张	跳 线	引下线、设备接线
预留长度	2.5	0.8	0.6

分析:软母线工程量计算和长度无关,则其预留线在未计价材料数量中考虑。

(3) 带形母线

① 带形母线安装:L=图示长度+预留长度(见表 6-9)。

② 带形母线引下线:L=图示长度+预留长度(见表 6-9)。

③ 带形母线伸缩接头(见图 6-7):按"个"计算。

图 6-7 母线伸缩接头

图 6-8 低压封闭式插接母线槽

④ 铜过渡板:按"块"计算。

(4) 槽形母线

① 槽形母线安装:L=图示长度+预留长度(见表6-9)。

② 与发电机、变压器连接:按"台"计算。

③ 与断路器、隔离开关连接:按"台"计算。

表6-9 硬母线安装预留长度　　　　　　　　　　单位:m/根

序号	项目	预留长度	说明
1	带形、槽形母线终端	0.3	从最后一个支持点算起
2	带形、槽形母线与分支线连接	0.5	分支线预留
3	带形母线与设备连接线	0.5	从设备端子接口算起
4	多片重型母线与设备连接线	1.0	从设备端子接口算起
5	槽形母线与设备连接线	0.5	从设备端子接口算起

(5) 共箱母线:按图示尺寸中心线长度计算。

不考虑预留线和损耗率,与设备连接母线按设计和定额要求计算设备连接线。

(6) 低压封闭式插接母线槽(见图6-8):按图示尺寸中心线长度计算。

不考虑预留线和损耗率,与设备连接母线按设计和定额要求计算设备连接线。

(7) 始端箱、分线箱:按"台"计算。

(8) 重型母线

① 重型母线安装:按设计理论质量以"吨"为单位计算。

② 伸缩器制作、安装:按"个"计算。

③ 导板:按"块"计算(铜、铝母线之间的连接)。

④ 重型母线接触面加工:按"片"计算。

(9) 绝缘子:按"个"计算。适用于带形母线和槽形母线安装。

(10) 穿通板:按"块"计算。

导线和母线穿过墙壁时,需要在墙孔上加装一块钢板(或电胶板等),板上固定绝缘套管,该板称为穿通板。穿通板的主要作用是墙体和电源线之间的绝缘体,防止墙体潮湿时导电。

(11) 穿墙套管:按"个"计算。

四、控制设备及低压电气

1. 包括

(1) 电气控制设备:控制设备就是能对电能进行分配、控制和调节的控制系统。

(2) 低压电器:一种能根据外界的信号要求,手动或自动接通、断开电路,以实现对电路和非电对象的切换、控制、保护、检测、变换和调节的元件或设备。一般是指380 V/220 V电路中的设备。

2. 工程量计算规则

(1) 控制设备

① 控制屏、继电屏、信号屏、模拟屏：按"台"计算。

② 低压开关柜（屏）：按"台"计算。

③ 弱电控制返回屏：按"台"计算。

④ 箱式配电室（见图 6-9）：按"台"计算。

⑤ 硅整流柜、可控硅柜：按"套"计算。

⑥ 低压电容器柜、自动调节励磁屏、励磁灭磁屏、蓄电池屏（柜）、直流馈电屏、事故照明切换屏：按"台"计算。

⑦ 控制台：按"台"计算。

⑧ 控制箱：按"台"计算。

图 6-9　箱式配电室

注意：以上控制设备安装未包括：

① 二次喷漆及喷字。

② 电器及设备干燥。

③ 焊压接线端子。

④ 端子板外部接线。

⑤ 屏、柜、台安装定额内已经包括基础槽钢的制作与安装。

(2) 低压电器

① 配电箱：按"台"计算；未包括：吊支架、基础槽钢制作与安装、二次喷漆及喷字、现场开孔等。

② 插座箱：按"台"计算。

③ 控制开关：按"个"计算。

④ 低压熔断器、限位开关、控制器、接触器、磁力启动器、Y—△自耦减压启动器、电磁铁（电磁制动器）、快速自动开关：按"台"计算。

⑤ 电阻器：按"箱"计算。

⑥ 油浸频敏变阻器：按"台"计算。

⑦ 分流器：按"个"计算。

⑧ 小电器：按"个（套、台）"计算。

⑨ 端子箱：按"台"计算。

⑩ 风扇：按"台"计算，已包括调速开关安装。

⑪ 照明开关、插座：按"个"计算；未包括底盒安装。

⑫ 盘柜配线：按设计尺寸以"m"为单位计算，考虑线的截面，未包括焊压端子。

⑬ 焊压接线端子：按"个"计算，考虑焊压方式、芯的材质及规格。

五、蓄电池安装

1. 关于蓄电池

(1) 化学能转换成电能的装置叫化学电池，一般简称为电池。放电后，能够用充电的方式使内部活性物质再生——把电能储存为化学能；需要放电时再次把化学能转换为电能。将这类电池称为蓄电池，也称二次电池。

(2) 太阳能蓄电池是蓄电池在太阳能光伏发电中的应用，目前采用的有铅酸免维护蓄电池、普通铅酸蓄电池、胶体蓄电池和碱性镍镉蓄电池四种。国内目前被广泛使用的太阳能蓄电池主要是铅酸免维护蓄电池和胶体蓄电池。

2. 工程量计算规则

(1) 蓄电池

① 蓄电池:按"个(组件)"计算。

② 蓄电池防震支架:按"10 m"计算。

③ 蓄电池充放电:按"组"计算。

(2) 太阳能电池

① 太阳能电池:按"组"计算。

② 太阳能电池铁架方阵:按"m^2"计算。

六、电机检查接线及调试

1. 电机的分类

(1) 电机按其功能可分为发电机、电动机、变流机及控制电机。其中变流机包括变频机、升压机、感应调压器、调相机、变相机以及交流电与直流电之间变换的变流机等。

(2) 按电机电流类型分类可分为直流电机和交流电机。交流电机又可分为同步电机和异步电机,异步电机分为鼠笼式感应电机和绕线式感应电机。

(3) 按电机相数分为单相电机及多相(常用三相)电机。电机还可按其容量或尺寸的大小而分为大、中、小型和微型电机。

① 功率小于等于 0.75 kW:微型电机。

② 单台重量≤3 t:小型电机。

③ 30 t>单台重量>3 t:中型电机。

④ 单台重量≥30 t:大型电机。

2. 工程量计算规则

(1) 电机检查接线及调试:包括发电机、调相机、电动机、微型电机、电加热器、其他电机等,按"台"计算。

(2) 电机干燥:按"台"计算。

七、滑触线装置安装

1. 关于滑触线

滑触线也称为滑导线,就是给移动设备进行供电的一组输电装置。主要分为单极铝滑触线、单极铜滑触线、钢体滑触线、多极管式滑触线、无接缝滑触线、铜接触线等常用的滑触线。供电滑触线装置由护套、导体、受电器三个主要部件及一些辅助组件构成。

(1) 护套:是一根半封闭的导形管状部件,是滑触线的主体部分。其内部可根据需要嵌高 3~16 根裸导导轨作为供电导线,各导轨间相互绝缘,从而保证供电的安全性。

(2) 导体:主要材质是铜,根据其截面积常用的有 10 mm^2、16 mm^2、25 mm^2。

(3) 受电器:是在导管内运行的一组电刷壳架,由安置在用电机构(行车、小车、电动葫芦等)上的拨叉(或牵引链条等)带动,使之与用电机构同步运行,将通过导轨,电刷的电能送到电动机或其他控制元件。

2. 工程量计算规则

（1）滑触线：按照设计图示长度＋预留线（见表6-10）。分为轻型、安全节能型、角钢、扁钢、圆钢、工字钢。

表 6-10　滑触线安装附加和预留长度　　　　　　　　　　　　　　单位：m/根

序号	项　　目	预留长度	说　明
1	圆钢、铜母线与设备连接	0.2	从设备接线端子接口起算
2	圆钢、铜滑触线终端	0.5	从最后一个固定点起算
3	角钢滑触线终端	1.0	从最后一个支持点起算
4	扁钢滑触线终端	1.3	从最后一个固定点起算
5	扁钢母线分支	0.5	分支线预留
6	扁钢母线与设备连接	0.5	从设备接线端子接口起算
7	轻轨滑触线终端	0.8	从最后一个支持点起算
8	安全节能及其他滑触线终端	0.5	从最后一个固定点起算

（2）滑触线支架：按"副"计算。
（3）指示灯：按"套"计算。
（4）滑触线拉紧装置及挂式支持器：按"套"计算。
（5）移动软电缆：按"套"计算。
（6）起重设备电气装置：按"台"计算。

八、电缆安装

1. 关于电缆

电缆是指一根或多根相互绝缘导线，平行置于密闭绝缘套中的导线。分为：

（1）电力电缆：在电力系统主干线中用以传输和分配大功能电能。
（2）控制电缆：从电力系统的配电点把电能直接传输到各种用电设备器具的电源连接线路。用于控制操纵各种电气设备。

2. 工程量计算规则

（1）电缆：按设计图示尺寸水平和垂直长度＋预留长度及附加长度（见表6-11）。

表 6-11　电缆敷设预留及附加长度

序号	项　　目	预留长度（附加）	说　明
1	电缆敷设弛度、波形弯度、交叉	2.5%	按电缆全长计算
2	电缆进入建筑物	2.0 m	规范规定最小值
3	电缆进入沟内或吊架时引上（下）预留	1.5 m	规范规定最小值
4	变电所进线、出线	1.5 m	规范规定最小值
5	电力电缆终端头	1.5 m	规范规定最小值

续表 6-11

序号	项　　　目	预留长度(附加)	说　明
6	电缆中间接头盒	两端各留 2.0 m	检修余量最小值
7	电缆进控制、保护屏及模拟盘等	高＋宽	按盘面尺寸
8	高压开关柜及低压配电盘、箱	2.0 m	盘下进出线
9	电缆至电动机	0.5 m	从电机接线盒起算
10	厂用变压器	3.0 m	从地坪起算
11	电缆绕过梁柱等增加长度	按实计算	按被绕物的断面情况计算增加长度
12	电梯电缆与电缆架固定点	每处 0.5 m	规范最小值

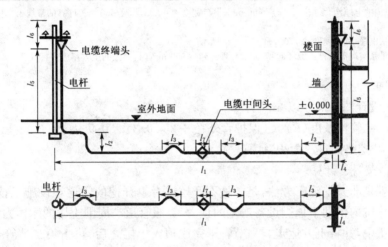

图 6-10　杆上电缆埋地入户安装示意图

(2) 电缆保护管:按设计图示尺寸长度＋附加长度。
① 横穿道路时,按路基宽度两端各加 2 m。
② 垂直敷设时,管口距地面加 2 m。
③ 穿过建筑物外墙时,按基础外缘以外增加 1.0 m。
④ 穿过排水沟时,按沟壁外缘以外增加 2 m。
(3) 电缆槽盒(见图 6-11):按设计图示尺寸长度计算。
(4) 铺砂、盖保护板(砖):按设计图示尺寸长度计算。
(5) 电力电缆头、控制电缆头(见图 6-11):按"个"计算。
终端头:一根电缆算两个。
中间头:按设计计算、按实计算,或者按"1 个/250 m"。
(6) 穿刺线夹:按"个"计算,按主线截面积执行定额。
(7) 防火堵洞:按"处"计算,电缆在桥架内每穿过一个楼层、一个墙体,穿过的部位规范规定都需要防火堵洞。按 0.25 m^2/处,不足 0.25 m^2 按一处计算,保护管按一处两端计算。
(8) 防火隔板:按"m^2"计算。
(9) 防火涂料:按"kg"计算。

(10) 电缆分支箱(见图6-11):按"台"计算。

(11) 电缆防腐、缠石棉绳、刷油、剥皮:按设计长度计算。

(12) 电缆沟挖填。

① 直埋电缆土石方

方法一:按设计图示尺寸以"m³"计算。

方法二:按定额规定计算。$V = $ 管沟长度$(L) \times \Delta V$(见表6-12)/m。

表6-12 直埋电缆的挖、填土(石)方量

项 目	电 缆 根 数	
	1~2	每增一根
每米沟长挖方(m³)	0.45	0.153

注:(1) 两根以内的电缆沟,系按上口宽度600 mm、下口宽度400 mm、深度900 mm计算的常规土方量(深度按规范最低标准)。

(2) 每增加一根电缆,其宽度增加170 mm。

(3) 以上土方量系按埋深从自然地坪起算,如设计埋深超过900 mm时,多挖的土方量应另行计算。

② 电缆保护管土石方

方法一:按设计图示尺寸以"m³"计算。

方法二:$V = $ 管沟长度$(L) \times ($保护管外径$+ 2 \times 0.3) \times 0.9$。

(13) 人工开挖路面:按"面积"计算。

(14) 顶管:按"根"计算。

顶管施工就是非开挖施工方法,是一种不开挖或者少开挖的管道埋设施工技术。顶管法施工就是在工作坑内借助于顶进设备产生的顶力,克服管道与周围土壤的摩擦力,将管道按设计的坡度顶入土中,并将土方运走。一节管子完成顶入土层之后,再下第二节管子继续顶进。其原理是借助于主顶油缸及管道间、中继间等推力,把工具管或掘进机从工作坑内穿过土层一直推进到接收坑内吊起。管道紧随工具管或掘进机后,埋设在两坑之间。

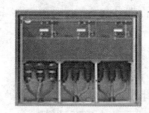

图6-11 电缆头、电缆分支箱、电缆槽盒

【例6-1】 如图(6-12)所示,建筑内某低压配电柜与配电箱之间的水平距离为20 m,配电线路YJV(3×25+2×16),直埋敷设,电缆沟深度为1 m,沟上宽为0.6 m,下宽为0.4 m,配电柜(700×800×300)为落地式,配电箱(400×500×200)为嵌入式,箱底边距地面1.5 m。根据定额规则列项计算工程量。

【解】 (1) 配电柜(700×800×300,为落地式):1台

(2) 配电箱(400×500×200,为嵌入式):1台

(3) 电力电缆(YJV-3×25+2×16):$L=20+1.0\times2+1.5+$预留线(2.0配电柜+0.9半

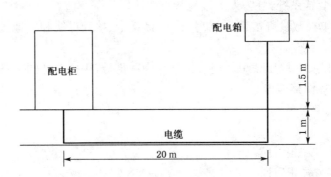

图 6-12　电缆敷设图

周长＋1.5×2 终端头)×(1＋2.5‰敷设弛度等)＝30.14 m

(4) 电力电缆终端头(3×25＋2×16)：2 个

(5) 直埋电缆土方：20×1.0×0.5＝10 m³

九、防雷及接地装置

1. 防雷及接地装置系统(见图 6-13)

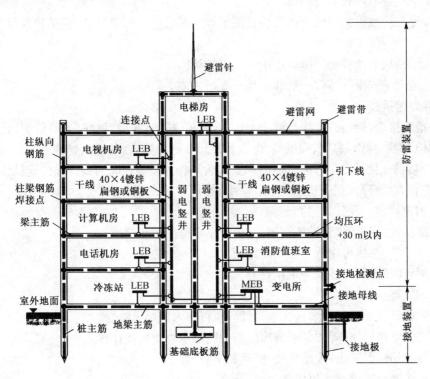

图 6-13　防雷及接地装置示意图

(1) 防雷系统：是在建筑物(构筑物)外部和内部设置对雷电进行拦截、疏导，最好将雷电导入大地的一体化装置系统。

(2) 接地装置系统：是接地体和接地线的综合体，用于将雷电电能导入大地，以保护人身及设备安全的设备装置系统,分为人工接地和自然接地。

① 人工接地:单独敷设避雷带(网)、引下线、断接卡、接地母线和接地极,形成整体闭合的防雷接地系统。

② 自然接地:以女儿墙压顶里的通长钢筋作为避雷带,用构造柱的主筋作引下线,用基础垫层底板的钢筋网片作接地极。

2. 工程量计算规则

(1) 避雷针

① 避雷针制作:按"根"计算。

② 避雷针安装:按"根"计算。

(2) 独立避雷针

① 独立避雷针制作:按理论质量计算,执行一般铁构件制作定额。

② 独立避雷针安装:按"基"计算。

注意:如果是成品避雷针则只计算避雷针安装工程量,执行定额时添加未计价材料:成品避雷针。

(3) 避雷带:按图示尺寸×(1+3.9%)计算(含支撑)。

(4) 混凝土块制作:按"个"计算(屋面布线),2 m间距。

(5) 引下线:按"延长米"计算。

(6) 接地母线敷设:户外、户内按设计图示尺寸×(1+3.9%)计算,包括户外母线,一般土方开挖。

(7) 接地断接卡:按"套"计算,适用于人工接地。

(8) 接地极:按"根"计算,一般埋入地下3 m左右。

(9) 接地跨线:按"处"计算。

① 接地跨接线:接地跨接线是两个金属体(机柜、桥架、线槽、钢筋、金属管等)之间的接地金属连接体(导线、圆钢、扁钢、扁铜等)。指接地母线遇有障碍(如建筑物伸缩缝、沉降缝等)需跨越时相连接的连接线,或利用金属构件、金属管道作为接地线时需要焊接的连接线。常见的接地跨线有伸缩(沉降)缝、管道法兰、吊车钢轨接地跨接线等。

② 钢铝窗接地:六层以上的金属窗。

③ 构架接地:室外管架、设备钢架、室内行车轨道的封闭接地。

(10) 化学换土:执行建筑工程相关定额。

(11) 埋设降阻剂:以"kg"为单位计算。

(12) 均压环:

① 单独敷设:按设计尺寸"延长米"计算,执行户内接地母线。

② 利用圈梁作均压环:按要求做均压环的圈梁中心线长度计算。

(13) 柱主筋作引下线:按设计尺寸"延长米"计算。

(14) 柱主筋与圈梁钢筋焊接:按"处"计算。

(15) 等电位端子箱、测试板:按"台(块)"计算。

(16) 浪涌保护器:按"个"计算,也叫防雷器、避雷器,是一种为各种电子设备、仪器仪表、通讯线路提供安全防护的电子装置。

(17) 接地测试板:按"块"计算。

(18) 绝缘垫:按"m²"计算。

【例 6-2】 某建筑工程屋顶上设有避雷针。设计要求如下:1 根圆钢避雷针 ϕ25,针长 2.5 m 在平屋面上安装;利用柱筋引下线(2 根柱筋),柱长 15 m;角钢接地极 L 50×50×5,3 根,长 2.5 m/根;接地母线为镀锌扁钢 40×4,埋设深度 0.7 m,长 20 m。根据设计列项计算工程量。

【解】 (1) 避雷针制作:1 根。

(2) 避雷针安装:1 根。

(3) 柱主筋做引下线:15 m。

(4) 角钢接地极:3 根。

(5) 户内接地母线:20 m。

十、10 kV 以下架空配电线路计算规则

1. 电杆组立

(1) 单杆:按"根"计算。

(2) 接腿杆(见图 6-14):按"根"计算。分为单腿接杆、双腿接杆、混合接腿杆。

(3) 撑杆(见图 6-14):按"根"计算。

(4) 钢圈焊接:按"个"计算(混凝土电杆连接)。

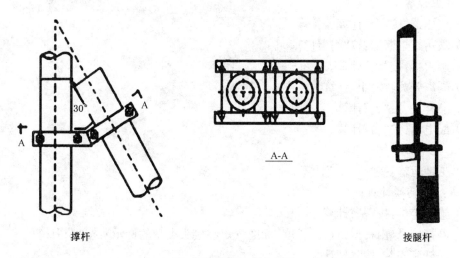

图 6-14 撑杆、接腿杆

2. 横担组装

(1) 1~10 kV 横担安装:按"组"计算。

包括:抱箍、横担、绝缘子安装。

未计价材料:抱箍、横担、绝缘子等。

(2) 1 kV 以下横担安装:按"组"计算。

包括:抱箍、横担、绝缘子安装。

未计价材料:抱箍、横担、绝缘子等。

以上是杆上横担。

(3) 进户线横担安装:按"根"计算。

包括横担、瓷瓶、防水弯安装。

3. 导线架设

(1) 导线架设:按"单线延长米"+预留长度(见表6-13)。

表 6-13　导线预留长度　　　　　　　　　　　　单位:m/根

项　目　名　称		长　　度
高　压	转角	2.5
	分支、终端	2.0
低　压	分支、终端	0.5
	交叉跳线转角	1.5
与设备连线		0.5
进户线		2.5

(2) 导线跨越:按"处"计算。

分跨越:公路、铁路、河流。

(3) 进户线架设:按"单线延长米"+预留长度。

4. 杆上设备

(1) 变压器:按"台"计算。

(2) 跌落式熔断器:按"组"计算。

(3) 避雷器:按"组"计算。

(4) 隔离开关:按"组"计算。

(5) 油开关:按"台"计算。

(6) 配电箱:按"台"计算。

5. 其他项目

(1) 工地运输:按"t·km"计算。

注意:t 的转换计算。

(2) 施工定位:按"基"计算。

(3) 电杆编号(由杆型、直径、长度、标准弯矩和接头类型的标示):按"个"计算。

(4) 钢杆座安装:按"只"计算。

(5) 土石方工程:按"m^3"计算。

① 按设计规定尺寸计算。

② 按定额规定计算,见表6-14。

表 6-14 土石方工程量表

放坡系数	杆高(m)		7	8	9	10	11	12	13	15
	埋深(m)		1.2	1.4	1.5	1.7	1.8	2.0	2.2	2.5
	底盘规格(mm)		600×600			800×800		1 000×1 000		
1∶0.25	土石方 (m³)	带底盘	1.36	1.78	2.02	3.39	3.76	4.6	6.87	8.76
		不带底盘	0.82	1.07	1.21	2.03	2.26	2.76	4.12	5.26

(6) 现浇基础

① 钢筋或钢筋笼:按"t"计算。

未计价材料:钢筋;未包括工地运输。

② 混凝土浇制:按"m³"计算。

未计价材料:混凝土、模板、钢模板附件。

③ 保护帽(见图 6-15)浇制:按"基"计算。

未计价材料:混凝土、模板、钢模板附件。

(7) 拉线制作、安装:按"根"计算。

(8) 底盘、卡盘、拉盘及电杆防腐:按"块/根"计算。

图 6-15 保护帽

十一、配管、配线工程量计算规则

1. 配管:按设计图示长度计算

(1) 包括:电线管、紧定管、钢管、防爆钢管、可绕金属套管、塑料管、刚性阻燃塑料管等。

考虑:敷设方式、管材材质、规格、敷设位置。

(2) 不扣除:管路中接线箱(盒)、灯头盒、开关盒所占长度。

(3) 吊顶内配管已包括支架的制作与安装。

2. 线槽:按设计图示长度计算

(1) 线槽:包括地面金属线槽(见图 6-16)、小型塑料槽、加强式塑料槽(见图 6-17)。

(2) 矩形管。

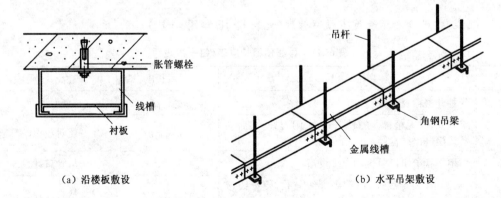

图 6-16 金属线槽安装示意图

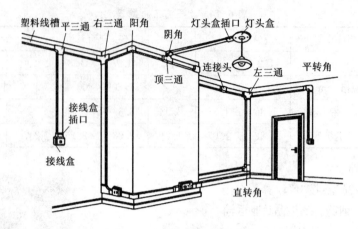

图 6-17 塑料线槽安装示意图

3. 桥架:按设计图示中心线长度计算

一般分为梯级式电缆桥架、托盘式电缆桥架、槽式电缆桥架、梯级式汇线桥、组合式电缆桥架和大跨距桥架(见图 6-18)。

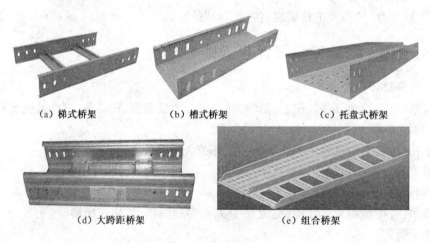

(a) 梯式桥架　　(b) 槽式桥架　　(c) 托盘式桥架

(d) 大跨距桥架　　(e) 组合桥架

图 6-18 各种桥架图

4. 配线:按设计图示长度+预留长度(见表 6-15 和图 6-19)

表 6-15 导线预留长度表(每一根线)

序号	项目	预留长度	说明
1	各种开关箱、柜、板	宽+高	盘面尺寸
2	单独安装(无箱、盘)的铁壳开关、闸刀开关、启动器线槽进出线盒等	0.3 m	从安装对象中心算起
3	由地面管子出口引至动力接线箱	1.0 m	从管口计算
4	电源与管内导线连接(管内穿线与软、硬母线接点)	1.5 m	从管口计算
5	出户线	1.5 m	从管口计算

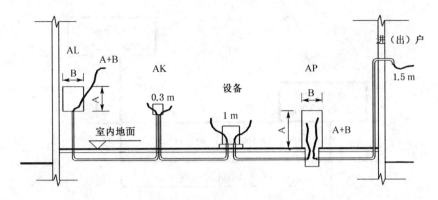

图 6-19 导线与柜、箱、设备等相连预留长度示意图

(1) 管内穿线:包括照明和动力线,按不同的导线截面以单线米计算,$L=$ 管长×线的根数+预留线。

① 考虑:线路性质、芯的材质、导线截面等。

② 照明线路截面面积超过 $6 \ mm^2$ 时按动力线路定额执行。

③ 不考虑灯具、明暗开关、插座、按钮等预留线,其余的预留线长度见定额。

④ 分为:照明线、动力线和多芯软导线。

(2) 线夹配线:考虑线夹材质、敷设位置、线式(两线、三线)、导线规格,以"延长米"计算。

(3) 绝缘子配线:按线路"延长米"计算。

(4) 槽板配线:按二线、三线,以线路"延长米"计算。

① 考虑:槽板材质、配线位置、导线截面、线式。

② 已经包括:槽板、配线、接线盒。

(5) 钢索架设应区别圆钢、钢索直径,按墙柱内缘距离,以"延长米"计算。

(6) 母线拉紧装置及钢索拉紧装置制作与安装:按"套"计算。

(7) 车间带型母线安装:按"延长米"计算,考虑母线材质、截面、安装位置。

5. 接线箱:按"个"计算,考虑安装方式、盘面尺寸。

6. 接线盒:以"个"为单位计算

(1) 配线保护管遇到下列情况之一时,应增设管路接线盒和拉线盒:

① 管长每超过 30 m,无弯曲。

② 管长每超过 20 m,有 1 个弯曲。

③ 管长每超过 15 m,有 2 个弯曲。

④ 管长每超过 8 m,有 3 个弯曲。

(2) 垂直敷设的电线保护管遇到下列情况之一时,应增设固定导线用的拉线盒。

① 管内导线截面为 $50 \ mm^2$ 及以下时,长度每超过 30 m。

② 管内导线截面为 $70 \sim 95 \ mm^2$ 及以下时,长度每超过 20 m。

③ 管内导线截面为 $120 \sim 240 \ mm^2$ 及以下时,长度每超过 18 m。

【例 6-3】 图 6-20 为某工程电气布置图,M01 为总配电箱(落地式安装),M02 为分配电箱(嵌入式安装,距地高度 1.5 m),根据图示列项计算图中工程量。

【解】 (1) 配电箱(500×400×200,落地式):1 台

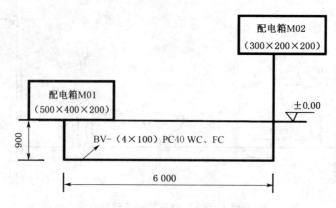

图 6-20 某工程电气配管配线图

(2) 配电箱(300×200×200,落地式):1台
(3) 电气配管(PC40,暗敷):$L=0.9+6.0+0.9+1.5=9.3$ m
(4) 管内穿线(BV10 mm²):$L=9.3×4+预留线(0.5+0.4+0.3+0.2)×4=42.8$ m

十二、照明器具工程量计算规则

1. 普通灯具:按套计算

应考虑:灯具的种类、型号、规格和安装方式。

分为:吸顶灯和其他普通灯具。

包括:吊盒(木台)以下的所有内容。

未包括:脚手架及超高费。

2. 工厂灯:按"套"计算

工厂灯又称为工矿灯,是由光源、灯罩和灯座构成。灯罩作灯控制器可按不同的材质、大小来改变配光曲线和光效。工厂灯按配光曲线的形态可分为广照型、均匀配光型、配照型、深照型、特深照型5种。工厂灯一般是用于厂房、加工车间、仓库、大型机床等。深照型与特深照型用于高大厂房外(6 m以上),广照型、均匀配光型、配照型可用于一般照明(6 m以下)。

3. 高度标志(障碍)灯:按"套"计算

(1) 应考虑:安装高度。

(2) 包括:超高作业因素(超高费以及脚手架)。

4. 装饰灯具:区分不同种类,分别按"套/m/m²"计算

(1) 应考虑:

① 吊式装饰灯具:灯具的种类,不同装饰物,灯体直径,灯体垂吊长度。

② 吸顶装饰灯具:灯具的种类,不同装饰物,吸盘的几何形状,灯体直径(周长),灯体垂吊长度。

(2) 包括:超高增加费。

(3) 未包括:脚手架费用。

5. 荧光灯:按"套"计算,分为组装型和成套型

6. 医疗专用灯:按"套"计算

7. 一般路灯:按"套"计算

十三、附属工程工程量计算规则

(1) 铁构件制作、安装
① 一般铁构件
a. 制作:按设计理论质量计算(图示质量)。
b. 安装:按设计理论质量计算(图示质量)。
② 轻型铁构件(厚度 3 mm 以内)
a. 制作:按设计理论质量计算(图示质量)。
b. 安装:按设计理论质量计算(图示质量)。
③ 电缆支架制作与安装:按设计理论质量计算(图示质量)。
④ 桥架支撑架
a. 标准桥架支撑架安装:按理论质量计算。
b. 非标准桥架支撑架:按设计理论质量计算,执行一般铁构件制作、安装。
⑤ 基础型钢
a. 制作:按设计理论质量计算,执行一般铁构件。
b. 安装:按设计长度计算,按箱底周长计算。
⑥ 抗震机座制作与安装:按"个"计算,减震器作为未计价材料计入。
(2) 凿(压)槽:按设计长度计算(适用于旧工程改造或新建工程设计变更)。
(3) 打洞(孔):按"个"计算(适用于旧工程改造或新建工程设计变更)。
(4) 人(手)孔砌筑:按"个"计算。
(5) 人(手)孔防水:按"m^2"计算。
(6) 人防套管制作与安装:按"根"计算。
(7) 二次喷漆:按"m^2"计算。

十四、电气调整试验计算规则

(1) 电力变压器系统:按"系统"计算。
电力变压器系统:包含与各线圈相连的断路器、二次回路的调试以及向各级电压配电装置的进线设备(进线设备是指电源侧,即电力线路送到变压器的电源侧设备)。
(2) 送配电装置系统:按"系统"计算。
送配电设备调试中的 1 kV 以下定额适用于所有低压供电回路,如从低压配电装置至分配电箱的供电回路;从配电箱至电动机的供电回路已包括在电动机的系统调试定额内。送配电设备系统调试包括系统内的电缆试验、瓷瓶耐压等全套调试工作。供电桥回路中的断路器、母线分段断路器皆作为独立的供电系统计算。定额皆按一个系统一侧配一台断路器考虑。若两侧皆有断路器时,则按两个系统计算。如果分配电箱内只有刀开关、熔断器及空气开关等不含调试元件的供电回路,则不作为调试系统计算。
(3) 特殊保护装置:按"套(台)"计算。
特殊保护装置,均以构成一个保护回路为一套。

① 发电机转子接地保护,按全厂发电机共用一套考虑。
② 距离保护,按设计规定所保护的送电线路断路器台数计算。
③ 调频保护,按设计规定所保护的送电线路断路器台数计算。
④ 零序保护,按发电机、变压器、电机的台数或送电线路断路器的台数计算。
⑤ 故障滤波器的调试,以一块屏为一套系统计算。
⑥ 失灵保护,按设置该保护的断路器台数计算。
⑦ 失磁保护,按所保护的电机台数计算。
⑧ 变流器的断线保护,按变流器台数计算。
⑨ 小电流接地保护,按装设该保护的供电回路断路器台数计算。
⑩ 保护检查及打印机调试,按构成该系统的完整回路为一套计算。

(4) 自动投入装置:按"系统(台、套)"计算。
① 备用电源自动投入装置:一种电器保护装置,当线路或用电设备发生故障时,能够自动迅速、准确地把备用电源投入用电设备中或把设备切换到备用电源上。
② 线路自动重合闸:广泛应用于架空线输电和架空线供电线路上的有效反事故措施(电缆输、供电不能采用)。即当线路出现故障,继电保护使断路器跳闸后,自动重合闸装置经短时间间隔后使断路器重新合上。
③ 一般来说,自动重合闸装置分为四种状态:单相重合闸、综合重合闸、三相重合闸、停用重合闸。
④ 同期装置:一种在电力系统运行过程中执行并网时使用的指示、监视、控制装置,它可以检测并网点两侧的电网频率、电压幅值、电压相位是否达到条件,以辅助手动并网或实现自动并网。

(5) 中央信号装置:按"系统(台)"计算。
(6) 事故照明切换装置:按"系统"计算。
指正常供电系统出现故障后,由备用供电系统供电,如双电源供电系统、备用柴油发电机、应急直流电源(正常时充电),这里就存在供电系统切换问题,两个系统间存在一个切换开关,这个开关必须保证两路供电系统不能同时工作,出现问题时又能及时切换到备用系统工作,以保证应急照明需要。

(7) 不间断电源:按"系统"计算,是一种含有储能装置,以逆变器为主要组成部分的恒压恒频的不间断电源,主要用于给单台计算机、计算机网络系统或其他电力电子设备提供不间断的电力供应。

(8) 母线:按"段"计算。
(9) 避雷器、电容器:按"组"计算。
(10) 接地装置
① 接地网:按"系统"计算。
② 接地极:按"组"计算。
(11) 电抗器、消弧线圈:按"台"计算。
(12) 电除尘器:按"组"计算。
(13) 硅整流设备、可控硅整流装置:按"系统"计算。
(14) 电缆试验:包括故障点和泄漏试验分别按照要求,按"次(根、点)"计算。

(15) 其他项目调试:分别按"系统、台、套、个、只、次"计算。
注意:电气调试费用的计算应符合下列要求:
(1) 有关施工验收规范、标准要求。
(2) 有经过批准的调试方案。
(3) 调试后经有关部门验收(有验收报告)。

第三节　工程量计算实例

一、电气安装工程识图

1. 电气工程施工图构成
(1) 设计说明:包括图纸内容、数量、工程概况、设计依据以及图中未能表达清楚的各有关事项。如供电电源的来源、供电方式、电压等级、线路敷设方式、防雷接地、设备安装高度及安装方式、工程主要技术数据、施工注意事项等。
(2) 主要材料设备表:包括工程中所使用的各种设备和材料的名称、型号、规格、数量等,它是编制购置设备、材料计划的重要依据之一。
(3) 系统图:变配电工程的供配电系统图、照明工程的照明系统图、电缆电视系统图等。系统图反映了系统的基本组成、主要电气设备、元件之间的连接情况以及它们的规格、型号、参数等。
(4) 平面图:平面布置图是电气施工图中的重要图纸之一,如变、配电所电气设备安装平面图,照明平面图,防雷接地平面图等,用来表示电气设备的编号、名称、型号及安装位置、线路的起始点、敷设部位、敷设方式及所用导线型号、规格、根数、管径大小等。

2. 电气工程施工图识读方法
(1) 系统图与平面图结合,注意弄清整个配电网络的结构与组成。
(2) 熟悉常用图例和符号,熟悉电气施工图的一般表示方法。
(3) 先管后线;先系统再平面;整体贯穿。
(4) 三段划分,理清思路。
① 第一段:进户线到总配电箱。
② 第二段:总配电箱到分配电箱。
③ 第三段:分配电箱到终端设备。
(5) 结合土建施工图进行阅读。电气施工平面图只反映了电气设备的平面布置情况,识图中应结合土建施工图了解电气设备的立体布置情况。

二、工程量计算实例一

1. 背景资料
(1) 某办公室电气工程平面图见图 6-21,设备参数及安装见表 6-16,配管配线系统图见图 6-22。

图 6-21 某办公室电气平面图

(括弧内数据为该段水平长度:m)

表 6-16 设备参数及安装

图例	名称	规格	备注
▬	照明配电箱	宽×高 300×400	底边距地 1.5 m 暗装
◡	吸顶灯	1×9 W	吸顶安装
▭	双管荧光灯	2×36 W	吊管安装
∞	排气扇	1×55 W, 220 V	距地 2.8 m 平吊顶安装
⌐	暗装二极开关	250 V, 10 A	底边距地 1.3 m 暗装
⌐	暗装三极开关	250 V, 10 A	底边距地 1.3 m 暗装
⌣K	空调插座	250 V, 15 A	底边距地 0.3 m 暗装
⌣	卫生间防溅插座	250 V, 10 A	底边距地 1.4 m 暗装
⌣	暗装插座	250 V, 10 A	底边距地 0.3 m 暗装

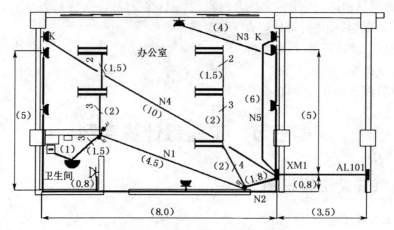

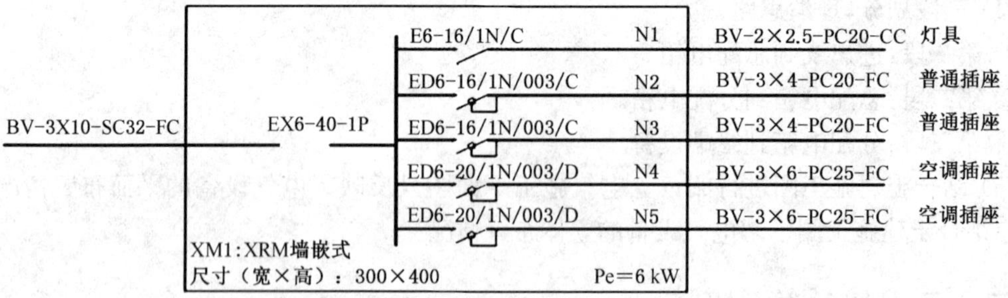

图 6-22 配管配线系统图

(2) 该办公室层高为 3.6 m, 配电箱 AL101(500×600×200),落地式安装,10♯基础槽钢(10 kg/m);配电箱 XM1(300×400×200),嵌入式安装,底边距地 1.5 m。其余设备安装见设备参数及安装表。配管埋地敷设为 0.1 m。

(3) 吸顶灯为半圆球吸顶灯,空调插座为三孔插座,防溅插座为五孔插座,其余插座为2+3孔插座。

(4) 根据资料,结合《四川省建设工程工程量清单计价定额》(2015)(通用安装工程—电气设备安装工程)列项计算工程量。

2. 分析计算步骤

(1) AL101→XM1 的配电回路(FC)

① SC32

水平:3.5m

垂直:0.1(AL101)+0.1+1.5(XM1)=1.7 m

小计:3.5+1.7=5.2 m

② 管内穿线(BV-10 mm^2)=5.2×3+(0.5+0.6+0.3+0.4)×3(预留线)=21.00 m

(2) XM1→终端设备

N1 回路(CC):

① PC20

水平:1.8+4.5+2+1.5+1.5+1+2+2+1.5=17.8 m

垂直:(3.6-1.3)×3(开关)+(3.6-2.8)(排气扇)=7.7 m

小计:17.8+7.7=25.5 m

② 管内穿线(BV-2.5 mm^2):25.5×2+(0.3+0.4)×2(预留线)+(2+2+1.5+3.6-1.3+3.6-1.3)(三线加一根)+(2+3.6-1.3)×2(四线加两根)=69.0 m

N2 回路(FC):

① PC20

水平:0.8+8+0.8+5=14.6 m

垂直:(1.5+0.1)(配电箱)+(0.3+0.1)×5(插座)+(1.4+0.1)(防溅插座)=5.1

小计:14.6+5.1=19.7 m

② 管内穿线(BV-4 mm^2):19.7×3+(0.3+0.4)×3(预留线)=61.2 m

N3 回路(FC):

① PC20

水平:5+4=9.0 m

垂直:(1.5+0.1)(配电箱)+(0.3+0.1)×5(插座)=3.6 m

小计:9.0+3.6=12.6 m

② 管内穿线(BV-4 mm^2):12.6×3+(0.3+0.4)×3(预留线)=39.9 m

N4 回路(FC):

① PC25

水平:10.0 m

垂直:(1.5+0.1)(配电箱)+(0.3+0.1)(插座)=2.0 m

小计:10.0+2.0=12.0 m

② 管内穿线(BV-6 mm^2):12.0×3+(0.3+0.4)×3(预留线)=38.1 m

N5 回路(FC):

① PC25

水平:6.0 m

垂直:(1.5+0.1)(配电箱)+(0.3+0.1)(插座)=2.0 m

小计:6.0+2.0=8.0 m

② 管内穿线(BV-6 mm^2):8.0×3+(0.3+0.4)×3(预留线)=26.1 m

3. 汇总工程量表(见表6-17)

表6-17 工程量汇总计算表

序号	项 目 名 称	单位	工程量	计 算 式
1	配电箱(落地,半周长1.1)	台	1	
2	一般铁构件制作(基础槽钢)	kg	14	(0.5+0.2)×2(箱底周长)×10
3	基础槽钢安装	m	1.4	
4	配电箱(嵌入,半周长0.7)	台	1	
5	半圆球吸顶灯	套	1	
6	双管荧光灯(吊管)	套	5	
7	暗装二极开关	个	2	
8	暗装三极开关	个	1	
9	三眼空调插座	个	2	
10	防溅五孔插座	个	1	
11	2+3眼五孔插座	个	6	
12	暗装开关、插座盒	个	12	
13	接线盒	个	8	管路分支4个,灯具分线4个
14	排气扇	套	1	
15	SC32钢管暗敷	m	5.2	
16	管内穿线(BV-10 mm^2)	m	21.0	
17	PC20暗敷	m	57.8	25.5+19.7+12.6
18	管内穿线(BV-2.5 mm^2)	m	69.0	
19	管内穿线(BV-4 mm^2)	m	101.1	61.2+39.9
20	PC25暗敷	m	20.0	12.0+8.0
21	管内穿线(BV-6 mm^2)	m	64.2	38.1+26.1

三、工程量计算实例二

1. 某工程防雷平面布置(图6-23)

(1) φ8圆钢做避雷带,沿女儿墙压顶敷设。

(2) 利用柱内两根主筋作引下线,与基础垫层内钢筋连接。

(3) 在基础垫层外边缘敷设—40×4镀锌扁钢作接地干线,埋深室外地坪以下0.8 m。

(4) 距室外地坪0.5 m高处,设检测卡(暗装)。

(5) 根据图纸资料,结合《四川省建设工程工程量清单计价定额》(2015)(通用安装工程—电气设备安装工程)列项计算工程量。

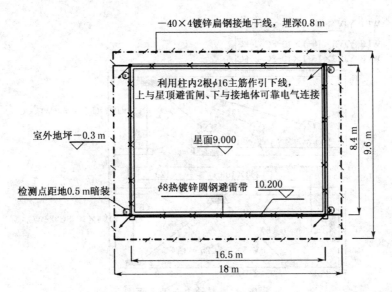

图 6-23 某工程防雷平面布置图

2. 工程量计算(表 6-18)

表 6-18 工程量计算表

序号	项目名称	单位	工程量	计算式
1	避雷带(φ18圆钢)	m	51.74	(16.5+8.4)×2×(1+3.9%附加)
2	柱主筋引下线	m	45.2	(10.2+0.3+0.8)×4
3	测试卡	块	4.0	
4	圈梁钢筋均压环(基础钢筋)	m	49.8	(16.5+8.4)×2
5	柱主筋与基础钢筋焊接	处	8.0	
6	户内接地母线	m		{(18+9.6)×2+(18−16.5)×2+(9.6−8.4)×2}×(1+3.9%附加)
7	接地网电阻调试	系统	1	

四、工程量计算实例三

1. 背景资料

(1) 该工程为某动力电气安装工程,平面图见图 6-24,主要材料设备见表 6-19。

(2) 动力配电箱 AP、AL 落地安装在 10#基础槽钢上(每米重量为 10 kg),照明配电箱 AX 为嵌装式,底边距地 1.5 m,配电箱、动力配电箱均为成套供应。

(3) 电缆桥架敷设,电缆桥架(200×100)为钢制托盘式,距地安装高度为 3 m,桥架支撑架(∠30×4)按 1 副/2 m,2 kg/副计算。电缆头为户内干包式。

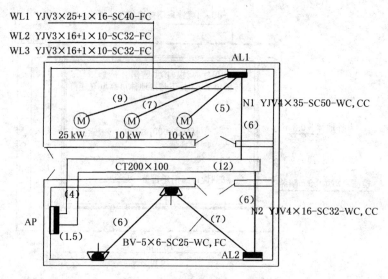

图 6-24 某动力电气平面图

(括弧内数据为该段水平长度:m)

表 6-19 主要材料设备表

图例	名 称	规 格	备 注
	动力配电箱	AP(600×800×200)	落地
	动力配电箱	AL1(500×600×200)落地	嵌入,安装高度1.5m
	照明配电箱	AL2(300×300×200)嵌入	嵌入,安装高度1.5m
Ⓜ	水泵	25 kW、10 kW	
	密闭三相带接地插座	A86Z14-16	暗装,安装高度0.3 m

(4) 电气暗配线管埋深均为 0.1 m,暗配管顶板敷设标高为 3.3 m。

(5) 3 台水泵基础标高均为 +0.3 m,埋地钢管至水泵电机处的配管管口高出基础面 0.2 m,均连接一根 0.5 m 同管径的金属软管。

(6) 水泵电机不计算。

(7) 根据图纸资料,结合《四川省建设工程工程量清单计价定额》(2015)(通用安装工程—电气设备安装工程)列项计算工程量。

2. 分析计算步骤

(1) 托盘式桥架(200×100):

水平:1.5+4+12=17.5 m

垂直:3.0-0.8+0.5(厚/2)=2.5 m

合计:17.5+2.5=20.0 m

(2) 桥架支撑安装:(20/2+1)×2=22 kg

(3) N1 回路:SC50

水平:6.0 m

垂直:(3.3-3.0+0.1)+(3.3-1.5)=2.2 m
小计:6.0+2.2=8.2 m
电力电缆(YJV4×35):[(20.0+8.2)+(1.4+1.1+1.5×2)附加]×(1+2.5%)=34.54 m
(4) N2 回路:SC32
水平 6.0 m
垂直:(3.3-3.0+0.1)+(3.3-1.5)=2.2 m
小计:6.0+2.2=8.2 m
电力电缆(YJV4×16):[(20.0+8.2)+(1.4+0.6+1.5×2)附加]×(1+2.5%)=34.03 m
(5) WL1:SC40
水平 9.0 m
垂直:(1.5+0.1)+(0.3+0.2+0.1)=2.2 m
小计:9.0+2.2=11.2 m
电力电缆(YJV3×25+1×16):[11.2+0.5软管+(1.1+1.5×2)附加]×(1+2.5%)=16.20 m
(6) WL2:SC32
水平:7.0 m
垂直:(1.5+0.1)+(0.3+0.2+0.1)=2.2 m
小计:7.0+2.2=9.2 m
电力电缆(YJV3×16+1×10):[9.2+0.5软管+(1.1+1.5×2)附加]×(1+2.5%)=14.15 m
(7) WL2:SC32
水平:5.0 m
垂直:(1.5+0.1)+(0.3+0.2+0.1)=2.2 m
小计:5.0+2.2=7.2 m
电力电缆(YJV3×16+1×10):[7.2+0.5软管+(1.1+1.5×2)附加]×(1+2.5%)=12.10 m
(8) AL2→插座回路:SC25
水平:7+6=13.0 m
垂直:(1.5+0.1)+(0.1+0.3)×3=2.8 m
小计:13.0+2.8=15.8 m
管内穿线(BV-6 mm²):15.8×5+0.6×5 预留线=82.0 m

3. 汇总工程量表(见表6-20)

表6-20 工程量汇总计算表

序号	项目名称	单位	工程量	计算式
1	动力配电箱(AP,落地,半周长1.4)	台	1.0	
2	动力配电箱(AL1,嵌入,半周长1.1)	台	1.0	
3	照明配电箱(AL2,嵌入,半周长0.6)	台	1.0	
4	密闭三相带接地插座	个	2.0	
5	插座盒	个	2.0	
6	一般铁构件制作(基础槽钢)	kg	16	(0.6+0.2)×2(箱底周长)×10
7	基础槽钢安装	m	1.6	

续表 6-20

序号	项目名称	单位	工程量	计 算 式
8	托盘式桥架(200×100)	m	20.0	
9	桥架支撑安装	kg	22.0	
10	SC50 暗敷	m	8.2	
11	电力电缆(YJV4×35)	m	34.54	
12	干包式电缆终端头(4×35)	个	2.0	
13	SC40 暗敷	m	11.2	
14	电力电缆(YJV3×25+1×16)	m	16.2	
15	干包式电缆终端头(3×25+1×16)	个	2.0	
16	SC32 暗敷	m	24.6	8.2+9.2+7.2=24.6
17	电力电缆(YJV4×16)	m	34.03	
18	干包式电缆终端头(4×16)	个	2.0	
19	电力电缆(YJV3×16+1×10)	m	26.25	14.15+12.1=26.25
20	干包式电缆终端头(3×16+1×10)	个	4.0	
21	DN40 金属软管明敷	m	0.5	
22	DN32 金属软管明敷	m	1.0	
23	SC25 暗敷	m	15.8	
24	管内穿线(BV-6 mm^2)	m	82.0	

单元小结

本章重点讲述了电气设备及装置的安装,是对 10 kV 以下变配电设备及线路、车间动力电气设备及电气照明器具、防雷及接地装置、配管配线、电气调整试验等内容的知识介绍,学习的重点和难点是电缆、防雷接地以及配管配线等内容。注意结合定额及图纸进行同步讲授学习,各种设备安装则要重点把握其包括和未包括的项目内容,避免重项和漏项。同时,本章主要是介绍定额规则,学习中要与工程量计算规范结合思考,把握其异同点。

复习思考题

1. 简述题

(1) 电气安装工程的单价措施费有哪些?按安装定额分册列出。

(2) 配电柜安装定额内已经包括的内容和未包括的项目内容各有哪些?

(3) 电气安装工程识图应把握哪些要点?

2. 单项选择题

(1) 在带电运行的电缆沟内敷设电缆增加的降效费属于(　　)。

A. 安全施工费　　B. 单价措施费　　C. 总价措施费　　D. 分部分项工程费

(2) 重型母线安装工程量按(　　)计算。

A. 实际质量　　　　　　　　　　B. 设计理论质量

C. 延长米　　　　　　　　　　　D. 图示长度并考虑预留长度

(3) 壁厚小于(　　)mm 的铁构件应执行轻型铁构件定额。

A. 1.5　　　　　B. 2.0　　　　　C. 3.0　　　　　D. 5.0

(4) 独立避雷针制作(　　)。

A. 不计算工程量　　　　　　　　B. 执行"一般铁构件制作"定额

C. 按"基"计算工程量　　　　　　D. 按针的设计长度计算工程量

(5) 控制柜安装定额已经包括(　　)。

A. 基础槽钢安装　　　　　　　　B. 焊压接线端子

C. 端子板外部接线　　　　　　　D. 电气及设备干燥

3. 多项选择题

(1) 电缆工程量计算以及执行定额要考虑(　　)。

A. 线路性质　　　　B. 敷设位置　　　　C. 敷设方式

D. 芯的材质　　　　E. 单芯最大截面积　　F. 芯数

(2) 以下要考虑计算预留线长的有(　　)。

A. 插座箱　　　　　B. 插座　　　　　　C. 灯具

D. 配电箱　　　　　E. 开关箱　　　　　F. 插座盒

(3) 配管项目列项及工程量计算要考虑(　　)。

A. 管径大小　　　　B. 敷设方式　　　　C. 敷设位置

D. 管材种类　　　　E. 安装的时间　　　F. 管材的进货方式

(4) 以下不单独列项计算计价工程量的有(　　)。

A. 避雷针制作　　　　　　B. 风扇的调速开关　　　C. 接地跨接线

D. 吊顶内配管的吊支架　　E. 灯具安装的试亮　　　F. 电话插座

(5) 以下说法错误的有(　　)。

A. 配电箱安装未包括支架安装　　　B. 接地断接卡要单独计算计价工程量

C. 桥架支撑架都不再单独计算工程量　D. 灯具安装工程量都按"套"计算

E. 接线盒不单独计算工程量　　　　F. 塑料护套线安装单根线延长米计算工程量

4. 判断题

(1) (　　)和土建同时施工的电气安装不计算脚手架费用。

(2) (　　)变压器安装已经包括端子箱的安装。

(3) (　　)软母线安装已经包括绝缘子的安装。

(4) (　　)电缆沟铺沙盖砖的工程量要单独列项计算。

(5) (　　)重型母线安装定额内已经包括接触面的加工。

第七章 建筑智能工程工程量计算

> **知识重点**
>
> 1. 建筑智能工程的基础知识。
> 2. 建筑智能工程施工图纸的识读。
> 3. 建筑智能工程定额工程量计算规则。

> **基本要求**
>
> 1. 能够熟练识读建筑智能工程施工图纸。
> 2. 能够熟练查阅建筑智能化工程预算定额。
> 3. 理解定额和清单计算规则,掌握智能工程列项及工程量计算方法。
> 4. 手工计算建筑智能工程工程量的计算能力。

第一节 建筑智能工程基础知识

一、建筑智能化工程

智能建筑是一个发展中的概念,它随着科学技术的进步和人们对其功能要求的变化而不断更新、补充内容。国际上至今对智能建筑还没有一个统一的定义。在中国国家标准《智能建筑设计标准》(GB/T 50314—2006)中对智能建筑的定义如下:"以建筑物为平台,兼备信息设施系统、信息化应用系统、建筑设备管理系统、公共安全系统等,集结构、系统、服务、管理及其优化组合为一体,向人们提供安全、高效、便捷、节能、环保、健康的建筑环境。"由此提出建筑智能化的概念和目的。建筑智能化工程,是指以建筑楼宇为平台,兼备建筑设备、办公自动化及通信网络三大系统,集结构、系统、服务、管理及它们之间最优化组合,向人们提供一个安全、高效、舒适、便利的综合服务环境。

对于建筑智能工程的学习研究,一是从智能化产品满足用户使用功能需求方面的考虑,以楼宇工程安装工艺技术、施工组织来实现;二是建筑智能工程作为商品交换需要确定价格,对于产品价格的确定则需要分析研究单位产品生产成果与生产消耗之间的关系,以此定量关系为基础,研究分析如何确定产品价格。

建筑智能化工程的功能如下:
(1)提供安全、舒适和高效便捷的环境。

(2) 节约能源,高效、高回报率。一般来讲,利用智能建筑能源控制与管理系统可节省能源 30%左右。

(3) 节省设备运行维护费用。

(4) 提供现代通信手段和信息服务。

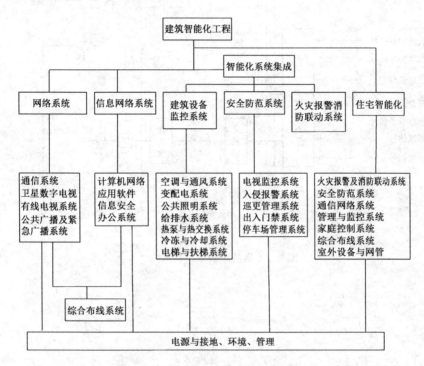

图 7-1 建筑智能工程体系结构图

二、建筑智能化工程的构成

1. 有线电视系统

有线电视系统(也叫电缆电视系统),其英文缩写名为 CATV(Community Antenna Television),属于一种有线分配网络,除可以收看当地电视台的电视节目外,还可以通过卫星地面站接收卫星传播的电视节目,也可配合摄录像机、调制器等编制节目,向系统内各用户播放,构成完整的闭路电视系统。

(1) 有线电视系统的基本组成

任何一个电缆电视系统无论多么复杂,均可认为是由信号源、前端、干线传输、用户分配网络四个部分组成。

前端设备一般建在网络所在的中心地区,这样可避免某些干线传输太远造成传输质量下降,而且维护也比较方便。前端设在比较高的地方,并避开地面邮电微波或其他地面微波的干扰。前端设备主要包括天线放大器、干线放大器、混合器等,如图 7-2 所示。图 7-3 为常用的两种网络分配方式,其中分支—分支方式最为常用。

用户终端是电视信号和调频广播的输出插座,有单孔盒和双孔盒。单孔盒仅输出电视信号,双孔盒既能输出电视信号又能输出调频广播的信号。用户终端可以有明装和暗装两种安

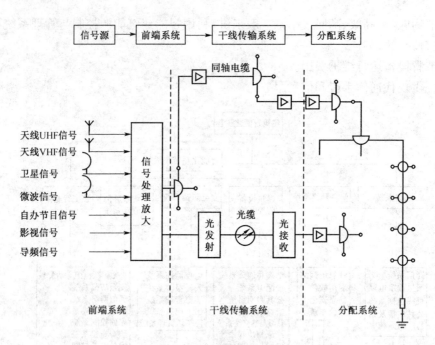

图 7-2 有线电视系统构成

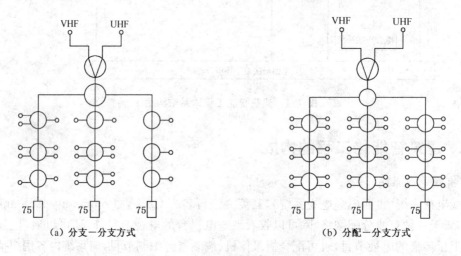

(a) 分支—分支方式　　　　　　　　　(b) 分配—分支方式

图 7-3 CATV 用户网络分配方式

装方式。电视用户终端盒距地高度：宾馆、饭店和客房一般为 0.3 m，住宅一般为 1.2～1.5 m，或与电源插座等高，但彼此应相距 50～100 mm。

（2）线路敷设

系统的干线传输部分主要任务是将系统前端部分所提供的高频电视信号通过传输媒体不失真地传输给分配系统。其传输方式主要有光纤、微波和同轴电缆三种。同轴电缆适用于小型系统，光缆和同轴电缆结合使用的方式适用于中型系统，不易设置电缆的

图 7-4 用户终端盒

地区采用微波传输信号。同轴电缆最为常用。

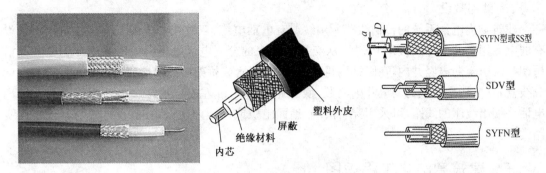

图 7-5　同轴电缆结构示意图

同轴电缆是由一根导线作芯线和外层屏蔽铜网组成,内外导体间填充以绝缘材料,外包塑料皮。同轴电缆不能与有强电流的线路并行敷设,也不能靠近低频信号线路。

2. 电话通信系统

一个完整的通信网络应由终端设备、传输设备、交换设备三大部分组成,其系统构成如图 7-6 所示。

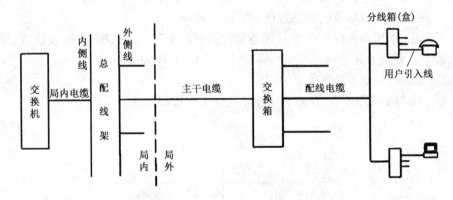

图 7-6　电话通信用户线路系统结构图

(1) 电话通信设备

普通电话机采用模拟语言信息,这种传输方式所输送的信息范围较窄,而且易受干扰,保密性差,但因其设备简单仍经常使用。目前使用较普遍的是程控交换机,它是把电子计算机的存储程序控制技术引入到电话交换设备中来,将所需传输的信息按一定编码方式转换为数字信号进行传输。程控电话交换机由话路系统、中央处理系统和输入输出系统三部分组成。此外,还可以与传真机、个人用电脑、文字处理机、计算机中心等办公自动化设备连接起来,有效地利用声音、图像进行信息交换,同时可以实现外围设备和数据的共享,构成企业内部的综合数字通信网——办公室自动化系统。

建筑物内电话系统主要是有线传输方式,就是利用电话电缆、双绞线缆及光纤实现语音或数据输送。按传输信息工作方式又可分为模拟传输和数字传输两种,程控电话交换就是采用数字传输。

用户终端设备除一般电话机外,还有传真机、数字终端设备、个人计算机、数据库设备、主计算机等。

(2) 线路敷设

建筑物内电话系统的传输线路所用线缆有电话电缆、双绞线和光缆。高层建筑内一般设有弱电专用竖井及专用接地 PE 排,从交换箱出来的分支电话电缆一般可采用穿管暗敷或沿桥架敷设引至弱电竖井内,在竖井内再穿钢管,电线管或桥架布线沿墙明敷设。每层设有电话分线盒,其分线盒一般为弱电井内明装,底边距地 2.0 m 左右。从楼层电话分线盒引至用户电话终端出线座的线路,可采用穿管沿墙、地面暗敷或吊顶内敷设,其敷设方法与其他室内线路类似。

三、建筑智能化工程识图

1. 建筑智能工程施工图构成

(1) 设计说明:包括图纸内容、数量、工程概况、设计依据以及图中未能表达清楚的各有关事项。

(2) 主要材料设备表:包括工程中所使用的各种设备和材料的名称、型号、规格、数量等,它是编制购置设备、材料计划的重要依据之一。

(3) 系统图:有线电视、电话、网络配线系统图等。系统图反映了系统的基本组成、主要设备、元件之间的连接情况以及它们的规格、型号、参数等。

(4) 平面图:平面布置图用来表示设备和元器件的编号、名称、型号、安装位置、线路的起始点、敷设部位、敷设方式及所用导线型号、规格、根数、管径大小等。

2. 建筑智能工程施工图识读方法

(1) 系统图与平面图结合,注意弄清整个智能工程配线网络的结构与组成。

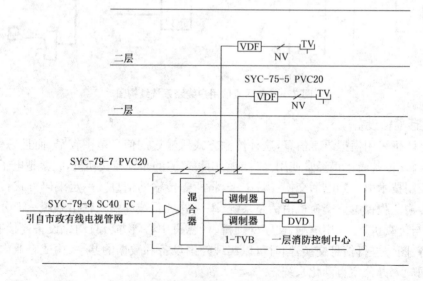

图 7-7 有线电视系统图

(2) 熟悉常用图例和符号,熟悉智能工程施工图的一般表示方法。

(3) 先管后线;先系统再平面;整体贯穿。

(4) 划分系统单元,理清思路:从进户线到前端总控制设备,从总控制设备到分控制设备,再从分设备到终端设备。

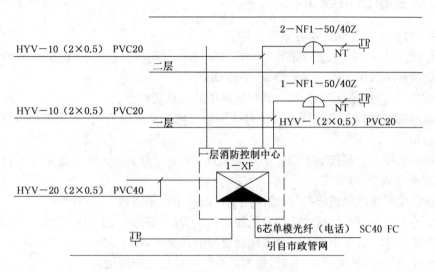

图 7-8 电话系统图

第二节　建筑智能工程工程量计算

一、计算机应用、网络系统工程

1. 关于计算机应用、网络系统工程的有关事项

(1) 包括计算机(微机及附属设备)和网络系统设备,适用于楼宇小区智能化系统中计算机网络系统设备的安装、调试。

(2) 设备安装不包括支架、基座制作和机柜的安装。

(3) 试运行超过一个月,每增加一天,则人工费、机械费分别按增加 3% 计取。

(4) 该部分的"信息点"是指接入到局域网中的用户信息点。

2. 工程量计算规则

(1) 安装调试计算机终端设备、附属设备、交换机、路由器、防火墙、调制解调器以"台"为计量单位。

(2) 安装调试网络终端设备、普通型集线器以"台"为计量单位。

(3) 安装调试接口卡、堆叠式集线器、服务器系统软件、网管软件以"套"为计量单位。

(4) 安装调试各种卡以"个"为计量单位。

(5) 安装调试内存条以"条"为计量单位。

(6) 安装调试投影机屏幕以"副"为计量单位。

(7) 网络调试及试运行以"系统"为计量单位。

二、综合布线系统工程

1. 关于综合布线工程的有关事项

(1) 包括:对绞电缆、光缆、多芯电缆、机柜(架)和线缆附属设备的敷设、布放、安装和测试。

(2) 线缆穿放所用的槽道含地槽、水平槽、垂直槽。

(3) 该部分的"信息点"是指接入到局域网中的信息用户点。

(4) 电缆跳线的制作和配线架安装打接不分屏蔽和非屏蔽系统,其人工费、材料、仪器仪表等均综合取定。

(5) 对绞电缆布放是按小于或等于六类系统编制的,大于六类的布线系统工程按所用子目的人工费乘系数1.20计取。

(6) 在已建天棚内敷设线缆时,按所用子目的人工费乘系数1.80计取。

(7) 安装大于双口八位模块式信息插座的人工费按双口的人工费乘系数1.60计取。

(8) 安装跳(配)线架中如果不包含线缆打接的人工费,按本定额人工费的50%计取。

(9) 敷设光缆时,凡大于72芯时,按照等数量的进档差值增加人工费。

(10) 该部分拆除光缆、电缆、各种设备等,按以下规定执行:

① 拆除再使用:拆除人工费及机械费按相应新建工程人工费及机械费的60%计取。拆除的器材应符合入库要求。

② 拆除不再使用:拆除人工费及机械费按相应新建工程人工费及机械费的30%计取。

(11) 屏蔽电缆包括"总屏蔽"及"总屏蔽加线对屏蔽"两种形式,这两种形式的对绞电缆均执行本定额。

2. 工程量计算规则

(1) 对绞电缆、光缆、多芯电缆敷设、穿放、明布放以"100 m"为计量单位。电缆敷设按单根延长米计算,如1个架上敷设3根各长100 m的电缆,应按300 m计算,以此类推。电缆附加及预留的长度是电缆敷设长度的组成部分,应计入电缆长度工程量之内。电缆进入建筑物预留长度2 m;电缆进入沟内或吊架上引上(下)预留1.5 m;电缆中间接头盒,预留长度两端各留2 m。

(2) 安装机柜(架)、接线箱、抗震底座、光纤信息插座、光缆终端盒、跳(配)线架、信息插座跳块打接以"个"为计量单位。

(3) 安装光纤连接盘以"块"为计量单位。

(4) 安装卡接8位模块式信息插座以"10个"为计量单位。

(5) 卡接4对对绞电缆、制作电缆跳线、制作安装光纤跳线以"条"为计量单位。

(6) 卡接电缆跳线以"对"为计量单位。

(7) 卡接大对数电缆以"100对"为计量单位。

(8) 光纤连接以"芯"(磨制法以"端口")为计量单位。

(9) 对绞线测试、光纤测试以"链路"为计量单位。

(10) 布放尾纤以"根"为计量单位。

三、建筑设备自动化系统工程

1. 关于建筑设备自动化系统工程的有关事项

(1) 包括楼宇、小区自控、小区多表远传系统工程。

(2) 该部分不包括设备的支架、支座制作,如发生时,执行其他分册相关子目。

(3) 有关通信设备、计算机网络、家居三表、有线电视设备、背景音乐设备、停车场设备、安全防范设备等的安装调试执行《通信设备及线路工程》和该部分相关项目。

(4) 家居智能布线箱中网络设备的安装仅限于基本安装测试,不包括跳线或输入输出线缆接头制作和连接。跳线及线缆接头制作执行《通信设备及线路工程》相关项目。

(5) 全系统调试费,按人工费的30%计取。

(6) 小区管理分系统调试和试运行,规模按3 000户计算,以此为基数,比例类推。

(7) 该部分流量计属通用产品。

(8) 多表采集中央管理计算机的安装调试包括抄表数据管理软件的安装及系统联调。

(9) 抄表采集系统设备的安装、调试均按墙上明装考虑。

2. 工程量计算规则

(1) 调试楼宇自控用户、安装调试智能布线箱内配线架以"套"为计量单位。

(2) 安装调试中央站计算机、控制网络通讯设备、控制器、流量计、住宅(小区)智能化设备以"台"为计量单位。

(3) 安装调试终端电阻、控制器远端模块、第三方设备通讯接口、阀门及执行机构以"个"为计量单位。

(4) 安装调试传感器及变送器以"支"为计量单位。

(5) 调试小区家居智能系统以"户"为计量单位。

(6) 楼宇自控系统调试、住宅(小区)智能化系统调试及试运行以"系统"为计量单位。

(7) 安装调试远传基表、抄表系统设备配套设施、通讯接口转换器以"个"为计量单位。

(8) 安装调试抄表集中器、抄表采集器、抄表主机、多表采集中央管理计算机以"台"为计量单位。

四、有线电视、卫星接收系统工程

1. 关于有线电视、卫星接收系统工程的有关事项

(1) 包括有线广播电视、闭路电视系统、卫星电视系统设备的安装调试工程。

(2) 共用天线如在楼顶安装,需根据楼顶距地面的高度考虑是否计取高层建筑施工增加费用。

2. 工程量计算规则

(1) 安装调试微型地面站接收设备、光端设备、有线电视系统管理设备、播控设备以"台"为计量单位。

(2) 安装电视设备箱以"个"为计量单位。

(3) 安装天线杆基础及天线杆、电视墙、前端射频设备、光终端盒以"套"为计量单位。

(4) 安装电视共用天线以"副"为计量单位。

(5) 穿放同轴电缆以"100 m"为计量单位。

(6) 安装前端机柜、传输网络设备、放大器、用户终端盒以"个"为计量单位。

(7) 安装用户分支器及分配器、暗盒、制作同轴电缆接头以"10 个"为计量单位。

五、音频、视频系统工程

1. 关于音频、视频系统工程的有关事项

(1) 包括扩声和背景音乐系统设备的安装调试。

(2) 调音台种类表示程式:1+2/3/4。其中:"1"为调音台输入路数;"2"为立体声输入路数;"3"为编组输出路数;"4"为主输出路数。

(3) 扩声全系统联调费,按人工费的30%计取。

(4) 背景音乐全系统联调费,按人工费的30%计取。

(5) 如果扩声系统中使用 SISTM 空间成像三声道输出调音台,则分系统的调试及试运行的人工费乘以系数1.3。

2. 工程量计算规则

(1) 安装调试扩声系统设备、扩声系统设备级间调试、背景音乐系统设备以"台"为计量单位。

(2) 安装专用机柜、机房配线箱、接线箱、风扇单元以"个"为计量单位。

(3) 调试传声器以"只"为计量单位。

(4) 调试耳机以"副"为计量单位。

(5) 扩声系统调试与试运行、背景音乐系统试运行以"系统"为计量单位。

(6) 会议电话设备联网(全分配式)以"端"为计量单位。

(7) 会议电视设备联网系统试验以"对端"为计量单位。

六、安全防范系统工程

1. 关于安全防范系统工程的有关事项

(1) 包括入侵报警、出入口控制、电视监控设备安装系统工程,适用于楼宇安全防范系统设备安装工程。

(2) 超过128路的总线制报警控制器安装,每增加1路,人工费增加2.50元。

(3) 防护罩支架按相应摄像机附件由厂家随货配套供应。若支架为非标产品,则按实际设计材料数量和制作工艺另计价格。

2. 工程量计算规则

(1) 安装调试入侵探测器、入侵报警控制器、报警中心设备、报警信号传输发射器、报警信号传输接收机、无线报警发送及接收设备、出入口目标识别设备、防护罩及支架以"套"为计量单位。

(2) 安装调试主动红外探测器、微波墙式探测器以"对"为计量单位。

(3) 安全防范系统调试和试运行以"系统"为计量单位。

(4) 安装调试模拟盘以"m^2"为计量单位。

(5) 安装监视器柜以"个"为计量单位。

(6) 调试入侵报警系统以"点"为计量单位。

(7) 调试电视监控系统、安装调试出入口控制设备、出入口执行机构设备、电视监控摄像设备、视频控制设备、控制台机架、监视器吊架、音/视频及脉冲分配器、视频补偿器、视频传输设备、录像/记录设备、监控中心设备、CRT 显示终端以"台"为计量单位。

第三节　建筑智能工程计算实例

一、设计说明

（1）工程名称：某住宅弱电工程。
（2）建筑概况：该工程为单层砖混结构，层高 3.6 m。
（3）弱电箱（300×200×100）设置于客厅，悬挂嵌入式安装，底边距地高度 1.5 m。
（4）室内管线系统：网络线采用超五类四对双绞线，电话线采用 RVS(2×0.5)，网络线和电话线共管 PC20。电视线路采用同轴电缆 SYWV-75-5 穿管 PC16。
（5）不计算入户线部分工程量。

二、施工图纸

表 7-1　图例及主要材料

图例符号	名　　称	规格及型号	安装方式	单位
TP	电话插座	底盒 86H 型	$H=0.3$ m 暗设	个
TO	网络插座	底盒 86H 型	$H=0.3$ m 暗设	个
TV	电视插座	底盒 86H 型	$H=0.3$ m 暗设	个
——	电话缆线	RVS-2×0.5	穿塑料管	m
——	超五类四对双绞线		穿塑料管	m
——	同轴电缆	SYWV-75-5	穿塑料管	m
▶◀	弱电箱	300×200×100	$H=1.5$ m 暗设	个

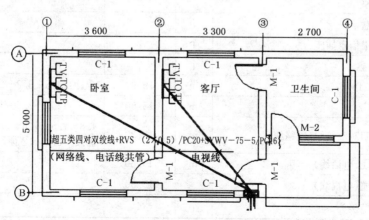

图 7-9　弱电工程平面图

三、弱电工程识图

(1) 弱电配电箱(300×200×100)安装在③号轴线和 A 号轴线处内墙嵌入安装,安装高度 1.5 m,出弱电箱有两条路径,分别供给卧室和客厅的插座组。每条配线路径为:超五类四对双绞线和 RVS 电话线共穿 PC20 管,同轴电缆穿管 PC16,沿墙沿地暗敷设,考虑埋深 0.1 m。

(2) 电视、电话、网络插座成组暗装在墙内,安装高度为距地面 300 mm。

四、配管配线工程量分析

(1) 配管 PC16:
水平:4.8+1(客厅)+7.5+1(卧室)=14.3
垂直:弱电箱至地:1.5+0.1+1.5+0.1=3.2
插座:(0.3+0.1)×6=2.4

(2) 配管 PC20:
水平:4.8(客厅)+7.5(卧室)=12.3
垂直:弱电箱至地:1.5+0.1+1.5+0.1=3.2

(3) 超五类四对双绞线:(4.8+7.5)水平长度+(1.5+0.1)出配电箱+(0.1+0.3)进插座+(0.3+0.2)×2 预留=15.30

(4) 双绞线缆 RVS-2×0.5:(4.8+7.5+0.5)+(1.5+0.1)+(0.1+0.3)+(0.3+0.2)×2 预留=15.8

(5) 射频同轴电缆:(4.8+7.5+0.5)+(1.5+0.1)+(0.1+0.3)+(0.3+0.2)×2 预留=15.8

五、工程量汇总表

表 7-2 工程量汇总表

序号	项目名称	单位	数量	计算式
1	弱电接线箱	个	1	
2	有线电视插座	个	2	
3	插座底盒	个	2	
4	电话插座	个	2	
5	插座底盒	个	2	
6	单孔网络信息插座	个	2	
7	插座底盒	个	2	
8	配管(PC16)	m	19.90	合计:14.3+3.2+2.4=19.9
9	配管(PC20)	m	15.50	合计:12.3+3.2=15.5
10	超五类四对双绞线(网络线)	m	15.30	4.8+7.5+1.5+0.1+0.1+0.3+(0.3+0.2)×2 预留=15.30
11	双绞软线(电话线)	m	15.80	
12	同轴电缆(电视线)		15.80	
13	同轴电缆接头	个	4	

单元小结

本章是关于建筑智能化工程计量部分的学习,学习的主要内容包括建筑智能化工程基础知识和定额工程量计算规则。在熟悉计算规则,掌握列项的方法基础上,独立编制建筑智能工程的施工图预算。

复习思考题

1. 简述题

(1) 定额工程量的计算依据有哪些?
(2) 智能化工程配管、配线工程量计算要点是什么?
(3) 建筑智能工程识图应把握哪些要点?

2. 选择题

(1) 建筑弱电系统有(   )。
A. CATV 系统　　　B. 室内电话系统　　　C. 有线广播系统　　　D. 自动消防系统

(2) 电视分支器安装,按(   )计量。
A. 个　　　　　　B. 套　　　　　　　C. 台　　　　　　　　D. 块

(3) 穿放同轴电缆,按(   )计量。
A. 根　　　　　　B. 米　　　　　　　C. 对段　　　　　　　D. 处

(4). 电视插座,按(   )计量。
A. 个　　　　　　B. 套　　　　　　　C. 台　　　　　　　　D. 块

(5) 电话分线盒制作安装,按(   )计量。
A. 个　　　　　　B. 套　　　　　　　C. 台　　　　　　　　D. 块

(6) 电话机插座安装,按(   )计量。
A. 个　　　　　　B. 套　　　　　　　C. 台　　　　　　　　D. 块

第八章 刷油、防腐蚀、绝热工程工程量计算

> **知识重点**
>
> 1. 掌握刷油、防腐蚀、绝热工程内容。
> 2. 刷油、防腐蚀、绝热工程工程量的计算方法。

> **基本要求**
>
> 1. 理解定额规则,掌握刷油、防腐蚀、绝热工程列项及工程量计算方法。
> 2. 培养学生手工计算刷油、防腐蚀、绝热工程工程量的能力。

第一节 基础知识

四川省建设工程工程量清单计价定额第 M 册《刷油、防腐蚀、绝热工程》(以下简称本定额)适用于新建、扩建项目中的设备、管道、金属结构等的刷油、防腐蚀、绝热工程。

一、定额编制的依据与项目设置

1. 本定额编制所依据的标准规范

本定额是依据现行有关国家的产品标准、设计规范、施工及验收规范、技术操作规程、质量检评标准和安全操作规程编制的,也参考了行业、地方标准,以及有代表性的工程设计、施工资料和其他资料。主要依据的标准和规范有:

(1)《设备及管道保温技术通则》(GB/T 4272—2008)。
(2)《工业设备及管道绝热工程施工规范》(GB 50126—2008)。
(3)《工业设备及管道防腐蚀工程施工质量验收规范》(GB 50727—2011)。
(4)《埋地钢质管环氧煤沥青防腐层技术标准》(SY/T 0447—1996)。
(5)《石油化工设备和管道涂料防腐蚀设计规范》(SH/T 3022—2011)。

2. 项目设置

(1) 除锈、刷油工程

① 除锈:设置有手工、动力工具、喷射及化学除锈项目。
② 刷油:设置有管道、设备、金属结构等各类、各漆种刷油项目。

(2) 防腐蚀工程

① 防腐蚀涂料:设置有各类树脂漆、聚氨酯漆、氯磺化聚乙烯漆等漆种的管道、设备、金属

结构防腐蚀项目。

② 手工糊衬玻璃钢:设置有常用配比的各种玻璃钢内衬(设备)和塑料管道玻璃钢增强等项目。

③ 橡胶板及塑料板衬里:设置有各种形状设备及管道、阀门橡胶衬里以及金属表面软聚氯乙烯板衬里等项目。

④ 衬铅及搪铅:设置有设备和型钢等表面衬铅、搪铅项目。

⑤ 喷镀(涂):设置有管道、设备及型钢表面的喷镀(铝、钢、锌、铜)与喷塑等项目。

⑥ 耐酸砖、板衬里:设置有以各种树脂胶泥为胶料的耐酸砖、板设备内衬及胶泥抹面等项目。

(3) 绝热工程

设置有使用各种常用绝热材料的管道、设备和通风管道的保温(冷)及其防潮层、保护层、钩钉、托盘、保温盒等项目。

二、本册定额中的统一规定及说明

(1) 刷油工程和防腐蚀工程中设备、管道以"10 m²"为计量单位;一般钢结构(包括吊、支、托架、梯子、栏杆、平台)、管廊钢结构以"100 kg"为计量单位;大于 400 mm 型钢及 H 型钢制结构以"10 m²"为计量单位,按展开面积计算。

(2) 绝热工程中绝热层以"m³"为计量单位;防潮层、保护层以"10 m²"为计量单位。

(3) 计算设备、管道内壁防腐蚀工程量时,当壁厚大于等于 10 mm 时,按其内径计算;当壁厚小于 10 mm 时,按其外径计算。

(4) 关于下列各项费用的规定:

① 脚手架搭拆费,按下列系数计算,其中人工工资占 25%。

a. 刷油工程:按人工费的 8%。

b. 防腐蚀工程:按人工费的 12%。

c. 绝热工程:按人工费的 20%。

② 超高降效增加费,以设计标高正负零为准,当安装高度超过±6.00 m 时,超过部分人工和机械分别乘以表 8-1 中系数。

表 8-1

操作高度	≤20 m	≤30 m	≤40 m	≤50 m	≤60 m	≤70 m	≤80 m	>80 m
系 数	0.30	0.40	0.50	0.60	0.70	0.80	0.90	1.00

第二节 刷油、防腐蚀、绝热工程量计算

一、除锈、刷油工程

常用除锈、刷油工程量计算公式如下:

(1) 设备筒体、管道表面积计算公式:

$$S = \pi \times D \times L$$

式中：π——圆周率；

D——设备或管道直径；

L——设备筒体高或管道延长米。

（2）计算设备筒体、管道表面积时已包括各种管件、阀门、人孔、管口凸凹部分，不再另外计算。

二、防腐蚀工程

（1）设备筒体、管道表面积计算公式同除锈、刷油。

（2）阀门、弯头、法兰表面积计算公式

① 阀门表面积计算公式（图8-1）

$$S = \pi \times D \times 2.5D \times K \times N$$

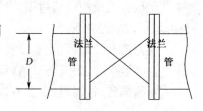

图 8-1

式中：D——直径；

K——1.05；

N——阀门个数。

② 弯头表面积计算公式（图8-2）

$$S = \pi \times D \times 1.5D \times 2\pi \times N/B$$

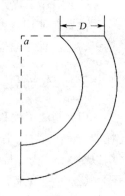

图 8-2

式中：D——直径；

N——弯头个数；

B 值取定为 90°弯头，$B=4$；45°弯头，$B=8$。

③ 法兰表面积计算公式（图8-3）

$$S = \pi \times D \times 1.5D \times K \times N$$

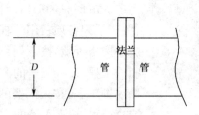

图 8-3

式中：D——直径；

K——1.05；

N——法兰个数。

（3）设备和管道法兰翻边防腐蚀工程量计算公式（图8-4）

$$S = \pi \times (D+A) \times A$$

式中：D——直径；

A——法兰翻边宽。

（4）带封头的设备防腐（或刷油）工程量计算公式

$$S = L \times \pi \times D + \left(\frac{D^2}{2}\right) \times \pi \times 1.5 \times N$$

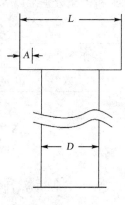

图 8-4

式中：N——封头个数；

1.5——系数值。

三、绝热工程

(1) 设备筒体或管道绝热、防潮和保护层计算公式(图 8-5)

绝热层 $V = \pi \times (D + 1.033\delta) \times 1.033\delta \times L$

保护层 $S = \pi \times (D + 2.1\delta + 0.0032) \times L$

防潮层 $S = \pi \times (D + 2.1\delta + 0.0082) \times L$

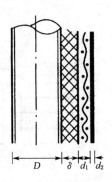

图 8-5 管道保温结构

式中：D——直径；

1.033，2.1——调整系数；

δ——绝热层厚度；

L——设备筒体或管道长；

d_1——捆扎线直径或钢带厚，$d_1 = 0.0032$ 或 0.0082；

d_2——防潮层厚度，$d_2 = 0.005$。

(2) 伴热管道绝热工程量计算公式

① 单管伴热或双管伴热(管径相同，夹角小于 90°时)

$$D' = D_1 + D_2 + (10 \sim 20)$$

式中：D'——伴热管道综合值；

D_1——主管道直径；

D_2——伴热管道直径；

(10~20)——主管道与伴热管道之间的间隙(mm)。

② 双管伴热(管径相同，夹角大于 90°时)

$$D' = D_1 + 1.5D_2 + (10 \sim 20)$$

③ 双管伴热(管径不同，夹角小于 90°时)

$$D' = D_1 + D_{伴大} + (10 \sim 20)$$

式中：D'——伴热管道综合值；

D_1——主管道直径。

将上述 D 值计算结果分别代入相应公式计算出伴热管道的绝热层、防潮层和保护层工程量。

(3) 设备封头绝热、防潮和保护层工程量计算公式

$$V = [(D + 1.033\delta)/2]^2 \times \pi \times 1.033\delta \times 1.5 \times N$$
$$S = [(D + 2.1\delta)/2]^2 \times \pi \times 1.5 \times N$$

(4) 阀门绝热、防潮和保护层计算公式(图 8-6)

$$V = \pi \times (D + 1.033\delta) \times 2.5D \times 1.033\delta \times 1.05 \times N$$
$$S = \pi \times (D + 2.1\delta) \times 2.5D \times 1.05 \times N$$

(5) 法兰绝热、防潮和保护层计算公式(图 8-6)

$$V = \pi \times (D + 1.033\delta) \times 1.5D \times 1.033\delta \times 1.05 \times N$$

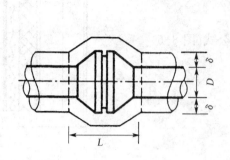
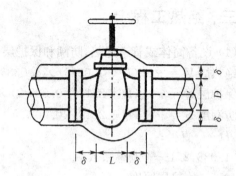

图 8-6　法兰保温及阀门保温结构

$$S = \pi \times (D + 2.1\delta) \times 1.5D \times 1.05 \times N$$

(6) 弯头绝热、防潮和保护层计算公式

$$V = \pi \times (D + 1.033\delta) \times 1.5D \times 2\pi \times 1.033\delta \times N/B$$

$$S = \pi \times (D + 2.1\delta) \times 1.5D \times 2\pi \times N/B$$

式中：B 值，90°弯头，$B=4$；45°弯头，$B=8$。

(7) 拱顶罐封头绝热、防潮和保护层计算公式（图 8-7）

$$V = 2\pi r \times (h + 1.033\delta) \times 1.033\delta$$

$$S = 2\pi r \times (h + 2.1\delta)$$

式中：r——油罐拱顶球面半径；

　　　h——罐顶拱高。

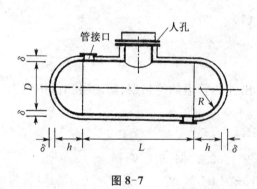

图 8-7

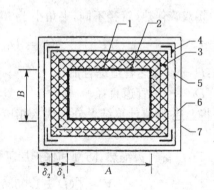

图 8-8　单风管保温结构

1—风管；2—风管防锈漆；3—保温板材 $\delta_1 = 30 \sim 70$ mm；4—角状铁垫片；5—铅丝网 $d=1.3$ mm×30，用 $d=1 \sim 2$ mm 铅丝绑扎；6—保护壳，石棉水泥抹 $\delta_2 = 10 \sim 15$ mm 或缠玻璃丝布、塑料布；7—保护壳调和漆

(8) 矩形通风管道绝热、防潮和保护层计算公式（图 8-8）

$$V = [2 \times (A+B) \times 1.033\delta_1 + 4 \times (1.033\delta_1)^2] \times L$$

$$S = [2 \times (A+B) + 8 \times 1.033\delta_1 + 4 \times 1.033\delta_2] \times L$$

式中：A——风管长边尺寸；

B——风管短边尺寸。

第三节　工程量计算实例

一、××办公楼空调水管路保温工程图纸

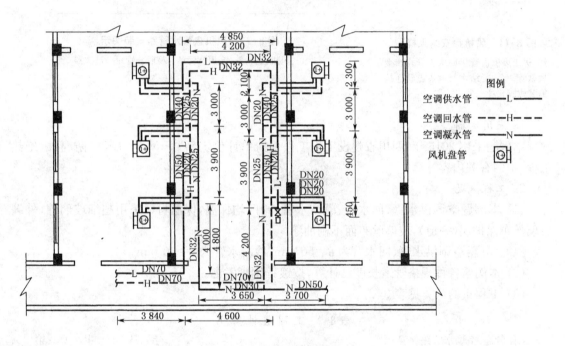

图 8-9　××办公楼空调水管路平面图

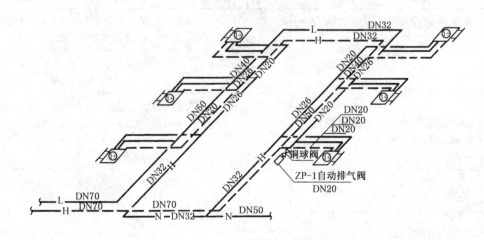

图 8-10　××办公楼空调水管路系统图

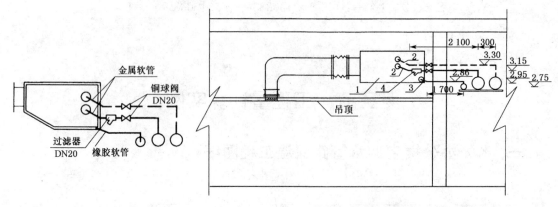

图 8-11 风机盘安装大样图
注:进出风机盘管供回水支管均装金属软管一个,凝结水与风机盘管连接需装橡胶软管一个

图 8-12 风机盘管水管路安装图示
1—风机盘管;2—金属软管;3—橡胶软管;4—过滤器

1. 采用定额

本例题采用 2015 年《四川省建设工程工程量清单计价定额》第 M 册《刷油、防腐蚀、绝热工程》中的有关内容计算。

2. 工程概况

(1) 本例题空调供水管、回水管、凝结水管、阀门均保温,保温材料采用超细玻璃棉,外缠玻璃丝布保护层(一道),玻璃丝布面不刷油漆。

保温厚度:空调供水管、回水管为 $\delta=50$ mm;冷凝水管为 $\delta=30$ mm。

(2) 本例题各种规格管道长度已计算,按镀锌钢管考虑。

(3) 工程量的计算见表 8-2。

表 8-2 工程量计算书

工程名称:空调水管路保温　　　　　　　　　　年 月 日 共 页 第 页

序号	分部分项工程名称	单位	工程量	计 算 公 式
1	镀锌钢管保温(超细玻璃棉)$\delta=$50 mm(管道直径 ϕ133 mm 以下)	m³	0.402	DN70 供 $7.84\times3.14\times(0.07+1.033\times0.05)\times1.033\times0.05=0.154$
				回 $12.64\times3.14\times(0.07+1.033\times0.05)\times1.033\times0.05=0.248$
2	镀锌钢管保温(超细玻璃棉)$\delta=$50 mm(钢管直径 ϕ57 mm 以下)	m³	1.136	DN50 供 $3.90\times3.14\times(0.05+1.033\times0.05)\times1.033\times0.05=0.064$ 回 $3.90\times3.14\times(0.05+1.033\times0.05)\times1.033\times0.05=0.064$
				DN40 供 $3.00\times3.14\times(0.04+1.033\times0.05)\times1.033\times0.05=0.045$

续表 8-2

序号	分部分项工程名称	单位	工程量	计 算 公 式
				回 3.00×3.14×(0.04+1.033×0.05)×1.033×0.05=0.045
				DN32 供 9.45×3.14×(0.032+1.033×0.05)×1.033×0.05=0.128
				回 8.40×3.14×(0.032+1.033×0.05)×1.033×0.05=0.114
				DN25 供 3.00×3.14×(0.025+1.033×0.05)×1.033×0.05=0.037
				回 3.00×3.14×(0.025+1.033×0.05)×1.033×0.05=0.037
				DN20 供 4.35×3.14×(0.02+1.033×0.05)×1.033×0.05=0.051
				回 3.90×3.14×(0.02+1.033×0.05)×1.033×0.05=0.045
				支管 43.56×3.14×(0.02+1.033×0.05)×1.033×0.05=0.506
3	镀锌钢管保温(超细玻璃棉)δ=30 mm(管道直径 φ57 mm 以下)	m³	0.182	DN50 凝 3.70×3.14×(0.05+1.033×0.03)×1.033×0.03=0.029
				DN32 凝 13.25×3.14×(0.032+1.033×0.03)×1.033×0.03=0.081
				DN25 凝 7.8×3.14×(0.025+1.033×0.03)×1.033×0.03=0.042
				DN20 凝 6.00×3.14×(0.02+1.033×0.03)×1.033×0.03=0.030
4	管道外缠玻璃丝布一道	m²	58.64	DN70 供 7.84×3.14×(0.07+2.1×0.05+0.003 2)=4.39
				回 12.64×3.14×(0.07+2.1×0.05+0.003 2)=7.07
				DN50 供 3.90×3.14×(0.05+2.1×0.05+0.003 2)=1.94
				回 3.90×3.14×(0.05+2.1×0.05+0.003 2)=1.94
				DN40 供 3.00×3.14×(0.04+2.1×0.05+0.003 2)=1.40
				回 3.00×3.14×(0.04+2.1×0.05+0.003 2)=1.40
				DN32 供 9.45×3.14×(0.032+2.1×0.05+0.003 2)=4.16
				回 8.40×3.14×(0.032+2.1×0.05+0.003 2)=3.70

续表 8-2

序号	分部分项工程名称	单位	工程量	计 算 公 式
				DN25 供 $3.00 \times 3.14 \times (0.025 + 2.1 \times 0.05 + 0.0032) = 1.25$
				回 $3.00 \times 3.14 \times (0.025 + 2.1 \times 0.05 + 0.0032) = 1.25$
				DN20 供 $4.35 \times 3.14 \times (0.02 + 2.1 \times 0.05 + 0.0032) = 1.75$
				回 $3.90 \times 3.14 \times (0.02 + 2.1 \times 0.05 + 0.0032) = 1.57$
				支管 $43.56 \times 3.14 \times (0.02 + 2.1 \times 0.05 + 0.0032) = 17.53$
				DN50 凝 $3.70 \times 3.14 \times (0.05 + 2.1 \times 0.03 + 0.0032) = 1.35$
				DN32 凝 $13.25 \times 3.14 \times (0.032 + 2.1 \times 0.03 + 0.0032) = 4.09$
				DN25 凝 $7.80 \times 3.14 \times (0.025 + 2.1 \times 0.03 + 0.0032) = 2.23$
				DN20 凝 $6.00 \times 3.14 \times (0.02 + 2.1 \times 0.03 + 0.0032) = 1.62$

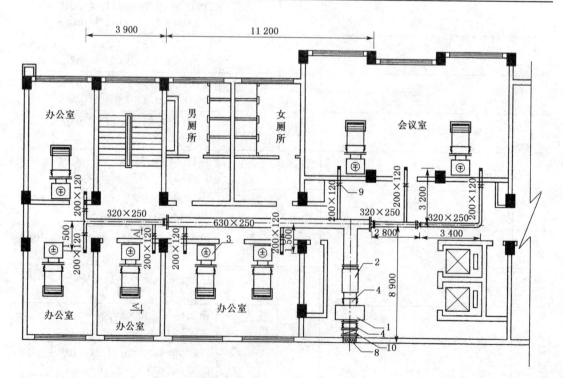

图 8-13 ××办公楼部分房间空调风管路平面图

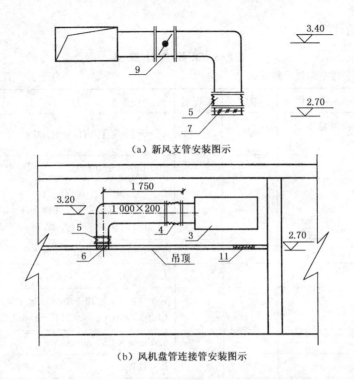

(a) 新风支管安装图示

(b) 风机盘管连接管安装图示

A—A 安装图示

图 8-14　××办公楼部分房间空调风管路大样图

1—新风机组 DBK 型 1 000×700(H)；　2—消声器 1 760×800 mm(H)；　3—风机盘管；
4—帆布软管长 300 mm；　5—帆布软管长 200 mm；　6—铝合金双层百叶送风口 1 000 mm×200 mm；
7—铝合金双层百叶送风口 200 mm×120 mm；　8—防雨单层百叶回风口(带过滤网)1 000 mm×250 mm；
9—风量调节阀长 200 mm；　10—密闭对开多叶调节阀长 200 mm；
11—铝合金回风口 400 mm×250 mm

二、××办公楼空调风管路保温例题

1. 采用定额

本例题采用 2015 年《四川省建设工程工程量清单计价定额》第 M 册《刷油、防腐蚀、绝热工程》中的有关内容计算。

2. 工程概况

(1) 本工程风管采用镀锌铁皮，咬口连接。其中：矩形风管 200 mm×120 mm，镀锌铁皮 $\delta=0.50$ mm；矩形风管 320 mm×250 mm，镀锌铁皮 $\delta=0.75$ mm；矩形风管 630 mm×250 mm，1 000 mm×200 mm，1 000 mm×250 mm，镀锌铁皮 $\delta=1.00$ mm。

(2) 风管保温采用岩棉板，$\delta=25$ mm。外缠玻璃丝布一道，$\delta=4.1$ mm，玻璃丝布不刷油漆，管道保温时使用粘结剂、保温钉。

(3) 风管在现场按先绝热后安装施工。

(4) 未尽事宜均参照有关标准或规范执行。

(5) 图中标高以 m 计，其余以 mm 计。

(6) 风管的长度已计算出。

(7) 工程量的计算见表 8-3。

表 8-3 工程量计算书

工程名称:某办公楼空调风管路保温　　　　　　　　　　　年　月　日　共　页　第　页

序号	分部分项工程名称	单位	工程量	计 算 公 式
1	风管岩棉板保温体积 ($\delta = 25$ mm)	m³	2.345	$V = [2 \times (A+B) \times 1.033\delta + 4 \times (1.033\delta)^2] \times L$
				200 mm × 120 mm
				$L = 22.90$ $V = [2 \times (0.2+0.12) \times 1.033 \times 0.025 + 4 \times (1.033 \times 0.025)^2] \times 22.90 = 0.440$
				320 mm × 250 mm
				$L = 6.70$
				$V = [2 \times (0.32+0.25) \times 1.033 \times 0.025 + 4 \times (1.033 \times 0.025)^2] \times 6.70 = 0.215$
				630 mm × 250 mm
				$L = 11.2$
				$V = [2 \times (0.63+0.25) \times 1.033 \times 0.025 + 4 \times (1.033 \times 0.025)^2] \times 11.2 = 0.539$
				1 000 mm × 250 mm
				$L = 5.34$
				$V = [2 \times (1.00+0.25) \times 1.033 \times 0.025 + 4 \times (1.033 \times 0.025)^2] \times 5.34 = 0.359$
				风机盘管连接管 1 000 mm × 200 mm
				$L = 12.25$
				$V = [2 \times (1.00+0.20) \times 1.033 \times 0.025 + 4 \times (1.033 \times 0.025)^2] \times 12.25 = 0.792$
2	玻璃丝布保护层面积	m²	97.77	$S = [2 \times (A+B) + 8 \times 1.033\delta_1 + 4 \times 1.033\,\delta_2] \times L$
				200 mm × 120 mm
				$L = 22.90$
				$S = [2 \times (0.20+0.12) + 8 \times 1.033 \times 0.025 + 4 \times 0.004\,1] \times 22.90 = 19.76$
				320 mm × 250 mm
				$L = 6.70$
				$S = [2 \times (0.32+0.25) + 8 \times 1.033 \times 0.025 + 4 \times 0.004\,1] \times 6.70 = 9.13$
				630 mm × 250 mm

续表 8-3

序号	分部分项工程名称	单位	工程量	计 算 公 式
				$L = 11.20$
				$S = [2 \times (0.63 + 0.25) + 8 \times 1.033 \times 0.025 + 4 \times 0.004\,1] \times 11.20 = 22.21$
				$1\,000\text{ mm} \times 250\text{ mm}$
				$L = 5.34$
				$S = [2 \times (1 + 0.25) + 8 \times 1.033 \times 0.025 + 4 \times 0.004\,1] \times 5.34 = 14.54$
				风机盘管连接管 $1\,000\text{ mm} \times 200\text{ mm}$
				$L = 12.25$
				$S = [2 \times (1 + 0.20) + 8 \times 1.033 \times 0.025 + 4 \times 0.004\,1] \times 12.25 = 32.13$

单元小结

刷油、防腐蚀、绝热工程，一般都是工业管道、给排水、采暖及通风空调等专业工程的组成部分，不单独使用本册定额的子目系数和综合系数。只有当专业公司单独承包，单独进行核算，即作为"单位工程"时，才能使用本册定额的子目系数和综合系数。

在防腐蚀、绝热工程工程量计算中一定要考虑其厚度，施工图若没有设计厚度的一定要想办法确定了厚度后再计算。

复习思考题

(1) 本册定额适用于哪些安装工程？风管的刷油和绝热套用什么定额？

(2) 工业管道的刷油、防腐蚀、绝热工程脚手架搭拆费应怎样计算？

(3) 计算防腐蚀、绝热层的中心线长度有何作用？

(4) 镀锌薄钢板矩形(600 mm×300 mm)风管，长 20 m，设计要求风管内外壁刷红丹环氧防锈漆，试计算工程量。

(5) 800 mm×400 mm 矩形送风管，长 12 m，设计要求采用 40 mm 阻燃聚苯乙烯泡沫塑料板保温，试计算工程量。

第九章 综合实例

> **知识重点**
> 1. 建筑电气工程和给排水工程工程量计算。
> 2. 招标控制价的编制。
> 3. 竣工结算价的编制。

> **基本要求**
> 1. 能够熟练识读施工图纸。
> 2. 熟练进行清单工程量计算、招标控制价和竣工结算价的编制。

第一节 建筑安装工程实例工程量计算

一、工程概况

本工程为某二层综合用房,包括电气安装工程、给排水安装工程和弱电工程。该工程为框架结构,层高均为 3.6 m。不计室内外高差。

1. 电气照明和弱电工程设计说明

(1) 供电电源为 380/220 V 三相四线电缆穿管埋地引入,埋深为 0.9 m,一般土壤,三级负荷。进户线为 YJV 型铜芯电缆线,采用户内热缩式电力电缆终端头,入户线室外埋管线水平长度计 20 m。

(2) 本工程所有照明配线均为穿管暗配线,室内在板墙梁面内暗敷设,埋深 0.1 m,室内为 BV 型铜芯塑料绝缘线。未标明处为三线制。弱电配线见平面图和系统图。

(3) 本工程弱电部分,进户电缆统一由室外手孔井引入(不计手孔井工程量),入户线水平段计 10 m,埋深为 0.9 m,室内配线均为穿管暗配线,沿板墙内暗敷设,埋深 0.1 m。

(4) 电器安装

① 配电箱铁制暗设,底边距地高度 1.8 m,总箱 AL-1 规格为 800×600×200,分箱 AL-2 和 AL-3,规格为 400×200×120。

② 插座:暗设,距地高度为 0.3 m。

③ 开关:暗设,距地高度为 1.4 m。

2. 给排水工程设计说明

(1) 本工程给排水系统采用市政自来水管网直接供水形式。

(2) 给水系统:室内给水管采用 PPR 聚丙烯塑料管,热熔连接,管道公称压力为 1.6 MPa;排水管道采用 UPVC 硬聚氯乙烯排水管,承插连接;排水横管坡度暂不考虑;生活给水系统采用球阀。

(3) 给水管立管沿墙明敷,距墙面 100 mm,室内支管埋设在墙体预留的混凝土管槽内或地坪找平层内,安装完毕后先做水压试验,试水压 0.60 MPa;排水管立管和横支管均明装,进行灌水、通水、通球试验。

(4) 给水管穿外墙时设钢套管,排水管穿建筑物外墙和楼板处设钢套管,套管口径比管道大两个规格。

(5) 卫生洁具全部按以下要求安装到位:
① 洗手盆为台式陶瓷洗手盆,板上安装,单冷水开关,带角阀 DN20。
② 坐式大便器为陶瓷联体,带自闭式冲洗阀 DN20。
③ 排水地漏采用 UPVC 塑料带水封地漏 DN50 mm。
④ 水表为 LXS-25 铜质水平旋翼式螺纹水表。
⑤ 水龙头为 DN15 铜镀铬。
⑥ 给水管标高为管中心标高,排水管为管底标高。
⑦ 埋地管道挖土方暂不考虑。

3. 通风空调工程设计说明

(1) 本工程中通风系统采用碳钢镀锌薄钢板制作风管,厚度为 0.75 mm。风管采用法兰连接,法兰间采用不燃密封材料。

(2) 室内采用卧式风机盘管,于板下 0.5 m 吊装,有 FP-204 和 FP-85 两种规格。

(3) 室内采用 FP-204 和 FP-85 两种规格的风机盘管供冷,在板下 0.5 m 处吊装。碳钢散流器送风口沿主风管下边沿安装。侧窗碳钢百叶风口 600×200,安装高度为 3 m。

(4) 卫生间采用独立轴流风机排风,百叶风口 300×200,安装于⑤号轴侧墙 3 m 高处。

(5) 风冷模块机组设置于二层屋面平台上,机组及机组出口段设备仪表由甲方指定供货和安装,此例工程暂不计算。

(6) 冷冻水供回水管采用镀锌钢管,冷凝水采用塑料排水管 DN32,沿板下 0.5 m 处吊装。风机盘管冷凝水水平收集后,竖向集中排至地下管沟。

4. 施工图纸

表 9-1 照明工程图例及主要材料

序号	图例	名　称	规　　格	备　注
1		栅格灯	3×40 W　1 200×600	
2		栅格灯	3×40 W　600×600	
3		单管荧光灯	1×40 W	吸顶安装
4		延时吸顶灯	1×40 W	吸顶安装
5		天棚灯	1×40 W	吸顶安装
6		自带电源应急照明灯	F102　2×16 W	距地 2.4 m

续表 9-1

序号	图例	名　称	规　格	备　注
7		单极开关		距地 1.4 m
8		二极开关		距地 1.4 m
9		二极/三极插座	220 V　10 A	距地 0.3 m
10		照明配电箱		距地 1.8 m

二、识图、列项并计算工程量

1. 识图

(1) 电气照明工程识图

根据设计说明结合平面图以及系统图了解管线、设备布置情况如下：

① 进户：首层照明平面图中设置照明配电箱总箱 AL-1 和分箱 AL-2，二层设置分箱 AL-3，入户线为 YJV-1KV-4X10 电力电缆线，穿钢管 DN50，埋深 0.9 m，引至总箱 AL-1。

② 回路：总箱 AL-1 有 7 条回路，其中 4 条(N1-N4)照明回路(沿顶暗敷)，1 条插座回路 N5(沿地暗敷设埋深 0.1 m)，回路 N6(BV-3X6)给分箱 AL-2 供电(沿地敷设，埋深 0.7 m)，回路 N7(BV-3X10)给分箱 AL-3 供电(沿地敷设，埋深 0.7 m)。分箱 AL-2 有 2 条回路，N1 回路为照明回路(沿顶暗敷设)，N2 回路为插座回路(沿地暗敷设，埋深 0.1 m)。分箱 AL-3 有 4 条回路，N1、N2、N3 回路为照明回路(沿顶暗敷设)，N4 回路为插座回路(沿地暗敷设，埋深 0.1 m)。

③ 安装高度：照明配电箱均为嵌入式暗装，安装高度为距地面 1.8 m。插座均为 0.3 m，开关为 1.4 m，灯具为吸顶敷设。

(2) 弱电工程识图

① 进户：首层外墙上设置网络交换机、电视前端箱、电话交接箱。进户线分别有：超六类线，SYV-79-9，HYV-20(2×0.5)，均穿管 SC40，埋地引入，埋深 0.9 m。

② 分层设置网络配线架、电话接线盒和电视分线箱，分层配线和配管型号规格见平面图和系统图。

③ 电视、电话、网络插座安装 0.3 m，室内沿地暗敷设，埋深 0.1 m，其他设备安装高度见图例表。

(3) 给排水工程识图

① 进户管为 PPR 塑料给水管，设置螺翼式水表节点。

② 户内支管沿墙沿结构板暗敷设，立管明敷设，分别供水到一层和二层。排水支管沿板下吊装 H-0.35 m。

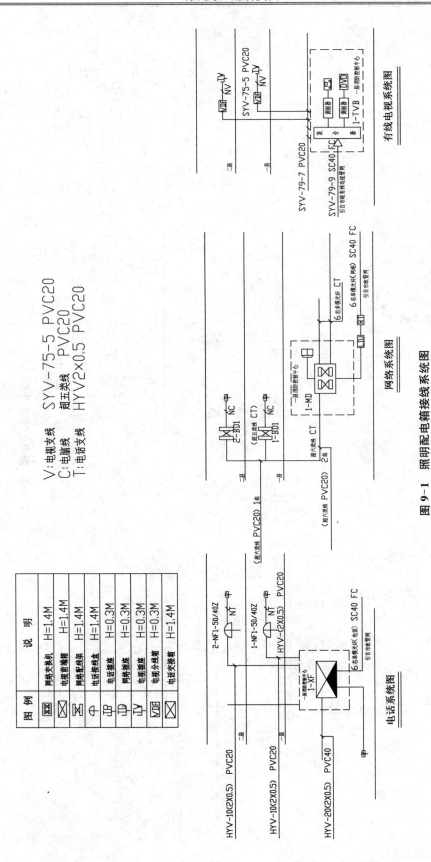

图 9-1 照明配电箱接线系统图

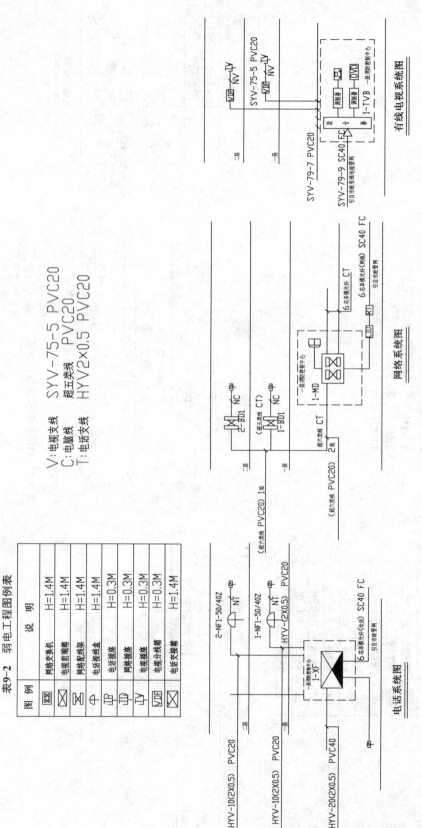

图 9-2 弱电工程接线系统图

第九章 综合实例

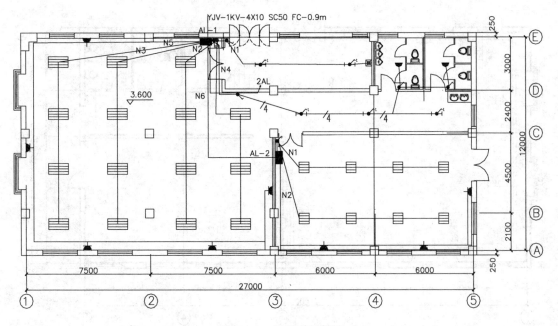

图 9-3 一层照明平面图

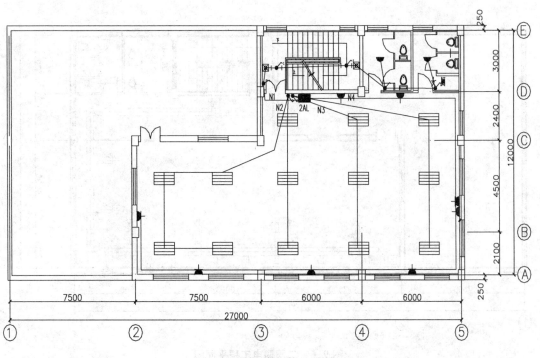

图 9-4 二层照明平面图

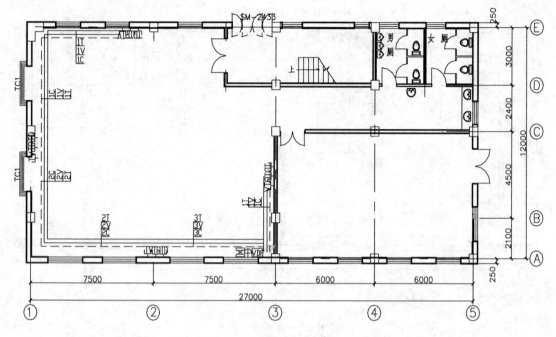

图 9-5 一层弱电工程平面图

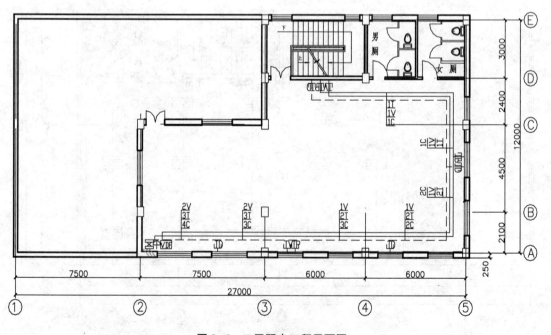

图 9-6 二层弱电工程平面图

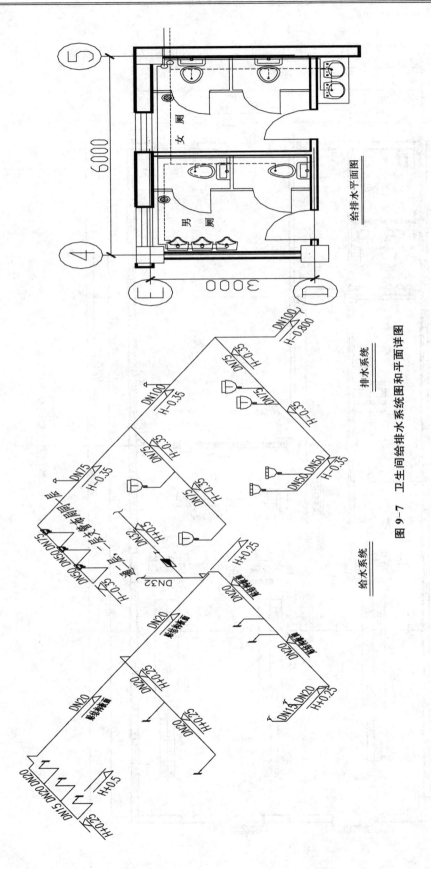

图 9-7 卫生间给排水系统图和平面详图

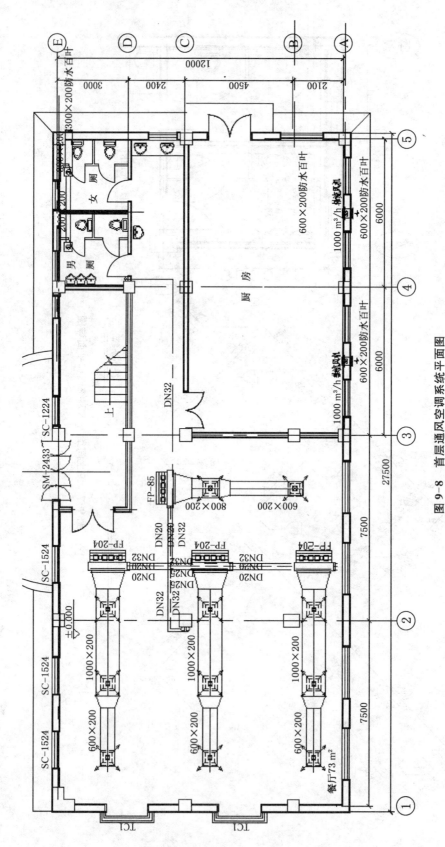

图9-8 首层通风空调系统平面图

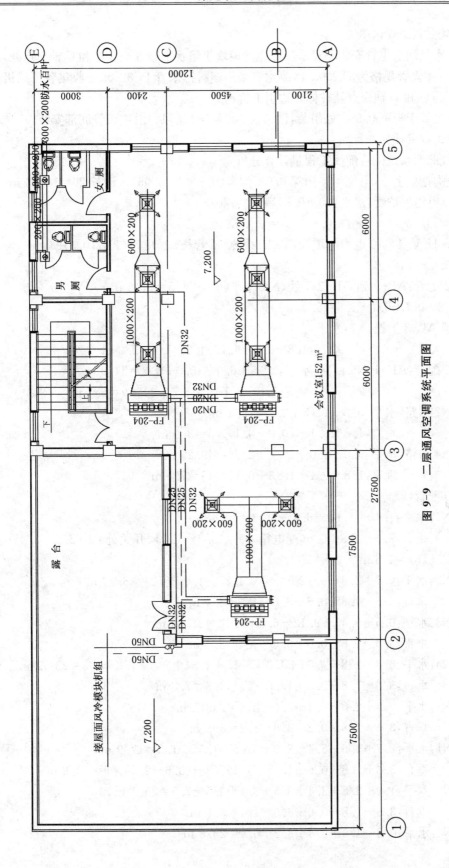

图 9-9 二层通风空调系统平面图

(4) 通风空调工程识图

① 冷冻水供回水主管安装路径从屋面风冷模块机组水平布置至③号和C轴交点处,沿柱体往下敷设。主立管规格为DN50。冷凝水管采用塑料排水管PC32,水平收集各层风机盘管冷凝水,沿④号轴和D轴交点处柱体外边引下排出。

② 风机盘管于板下0.5 m处吊装,散流器500×500送风口沿主风管底部安装。

2. 管线工程量计算分析

(1) 电气照明系统配管配线工程量计算分析

① 电缆沟挖填土方:电缆沟=沟深0.9×沟宽(0.3×2+0.05)×沟长20=11.70 m³

② SC50电缆保护管:水平:20+0.3(墙厚)=20.3 m

　　　　　　　　　垂直:0.9+1.8=2.7 m

③ YJV-1KV-4×10电力电缆线:[23.00(SC50管长)+1.5×2+(0.8+0.6)]×(1+2.5%)=20.09 m

④ SC32配管:AL-1到AL-2干线,N6:水平:6.5+4.5=11.0 m

垂直:1.8+0.7+0.7+1.8=5.0 m

AL-1到AL-3干线,N7:水平:6.7+3.0=9.7 m

　　　　　　　　　垂直:1.8+0.7+0.7+4.2+1.8=9.2 m

⑤ SC25配管:AL-1:N5回路:水平:10.5+6.0+15.0+3.3=34.8 m

　　　　　　　　　　　　垂直:1.8+0.1+(0.3+0.1)×9=5.5 m

AL-2:N2回路:水平:5.2+11.5+2.7=19.4 m

　　　　　　　垂直:1.8+0.1+(0.3+0.1)×5=3.9 m

AL-3:N4回路:水平:9.0+9.0+19.4+2.85=40.25 m

　　　　　　　垂直:1.8+0.1+(0.3+0.1)×13=7.1 m

⑥ PC20配管:

AL-1:N1:水平:1.15+1.60+6.4+1.33=10.48 m

　　　　　垂直:3.6-1.8-0.6(配电箱处)+(3.6-1.4)(开关处)+(3.6-2.4)(应急灯)=4.6 m

AL-1:N2:水平:0.7+2.3+9.12+4.05+4.25+1.5+6.2=28.12 m

　　　　　垂直:3.6-1.8-0.6+3.6-1.4=3.4 m

AL-1:N3:水平:0.5+9.45+9.12+6.0+9.12=34.19 m

　　　　　垂直:3.6-1.8-0.6+3.6-1.4=3.4 m

AL-1:N4:水平:0.8+2.8+1.03+4.0+8.15+1.54+2.8+1.3+1.3=23.72 m

　　　　　垂直:3.6-1.8-0.6+(3.6-1.4)×3=7.8 m

AL-2:N1:水平:0.9+2.0+8.4+4.6+8.4=24.30 m

　　　　　垂直:3.6-1.8-0.2+3.6-1.4=4.8 m

AL-3:N1:水平:2.7+1.6+5.4+2.0+3.05+1.55+1.6=17.9 m

　　　　　垂直:3.6-1.8-0.6+(3.6-1.4)×3+(3.6-2.4)×2=10.2 m

AL-3:N2:水平:1.0+2.8+3.4+3.5+3.4+3.5+7.5=25.1 m

　　　　　垂直:3.6-1.8-0.6+3.6-1.4=3.4 m

AL-3:N3:水平:0.8+4.0+6.4+8.2+6.4=25.8 m

垂直:3.6−1.8−0.6+3.6−1.4=3.4 m

⑦ BV-10 配线:

AL-1:N7:[18.9(SC32 管长)+(0.8+0.6)AL-1 预留+(0.4+0.2)AL-3 预留]×3=62.7 m

⑧ BV-6 配线:

AL-1:N6:[16.00(SC32 管长)+(0.8+0.6)AL-1 预留+(0.4+0.2)AL-2 预留]×3=54.00 m

⑨ BV-4 配线:

AL-1:N5:[34.8+5.5(SC25 管长)+(0.8+0.6)]×3=125.10 m

AL-2:N2:[19.4+3.9(SC25 管长)+(0.4+0.2)]×3=71.70 m

AL-3:N4:[47.35(SC25 管长)+(0.4+0.2)]×3=143.85 m

⑩ BV-2.5 配线:

AL-1:N1-N4:[10.48+4.6+28.12+3.4+34.19+3.4+23.72+7.8+(0.8+0.6)×4]×3 +4.0+5.45(局部四线)−(3.6−1.4)×4(开关处二线制)=273.71 m

AL-2:N1:[24.3+4.8+(0.4+0.2)]×3=89.1 m

AL-3:N1-N3:[17.9+10.2+25.1+3.4+25.8+3.4+(0.4+0.2)×3]×3−(3.6−1.4)×3(开关处二线制)=256.2 m

(2) 弱电工程配管配线工程量分析

① 配管 SC40:[10(室外进户水平段)+0.9 埋深+1.4(至分线箱底边)]×3(电视、电话、网络三支)=12.3×3=36.9 m

② 配管 PVC20:

水平:电话接线箱至一层电话接线盒:8.0

电视前端箱至一层电视分线箱:8.0

网络交换机至一层配线架:8.0

一层:网络配管+电话配管+电视配管:(4.0+14.9+12.0+6.0)×3=36.9×3=110.7 m

二层:网络配管+电话配管+电视配管:(18.0+8.9+8.6)×3=35.5×3=106.5 m

垂直:

电话接线箱至二层电话接线盒:3.6 m

电视前端箱至二层电视分线箱:3.6 m

网络交换机至二层配线架:3.6 m

一层:网络配管+电话配管+电视配管:(0.3+0.1)×18=7.2 m

二层:网络配管+电话配管+电视配管:(0.3+0.1)×15=6.0 m

③ HYV-20(2×0.5):12.3 保护管长度+0.3 进电话接线箱预留=12.6 m

④ 六芯单模光纤:12.3 保护管长度+0.3 进电视前端箱预留=12.6 m

⑤ SYV-79-9:12.3 保护管长度+0.3 进网络交换机预留=12.6 m

⑥ HYV-10(2×0.5):8.0+0.3 预留+3.6+0.3 预留=12.2 m

⑦ SYV-79-7:8.0+0.3 预留+3.6+0.3 预留=12.2 m

⑧ 超六类线:8.0+0.3 预留+3.6+0.3 预留=12.2 m

⑨ HYV-(2×0.5):

一层：

4对配线：1.4电话接线盒至地+0.1埋深=1.5×4=6.0 m

3对配线：5.5水平距离+(0.3+0.1)=5.9×3=17.7 m

2对配线：0.3+0.1+7.6+5.5+0.3+0.1=13.9×2=27.8 m

1对配线：(0.3+0.1)×4+6.0+5.8+1.5+4=18.9 m

二层：

3对配线：1.4电话接线盒至地+0.1埋深+8.2水平距离+(0.3+0.1)=10.1×3=30.3 m

2对配线：(0.3+0.1)×2+10.2+5.0=16×2=32 m

1对配线：(0.3+0.1)×2+4.0+8.6=13.4 m

⑩ SYV-75-5：

一层：

4对配线：1.4电话接线盒至地+0.1埋深=1.5×4=6.0 m

3对配线：5.5水平距离+(0.3+0.1)=5.9×3=17.7 m

2对配线：0.3+0.1+7.6+5.5+0.3+0.1=13.9×2=27.8 m

1对配线：(0.3+0.1)×4+6.0+5.8+1.5+4=18.9 m

二层：

2对配线：1.4+0.1+(0.3+0.1)+7.8=9.7×2=19.4 m

1对配线：(0.3+0.1)×2+10.5+8.9+8.6=29 m

⑪ 超五类四绞线：

一层：

4对配线：1.4电话接线盒至地+0.1埋深=1.5×4=6.0 m

3对配线：5.5水平距离+(0.3+0.1)=5.9×3=17.7 m

2对配线：0.3+0.1+7.6+5.5+0.3+0.1=13.9×2=27.8 m

1对配线：(0.3+0.1)×4+6.0+5.8+1.5+4=18.9 m

二层：

4对配线：1.4电话接线盒至地+0.1埋深+3.7水平距离+(0.3+0.1)=5.6×4=22.4 m

3对配线：(0.3+0.1)×2+10.2=11×3=33 m

2对配线：(0.3+0.1)×2+4.3+4.4=9.5×2=19 m

1对配线：(0.3+0.1)×2+4.5+8.6=13.9 m

(3) 建筑给排水工程管道工程量分析

① 室内PPR给水管 DN32(热熔连接)：水平：1.5+0.58=2.08 m

垂直：3.6−0.25=3.35 m

② 室内PPR给水管 DN20(热熔连接)：

水平：0.13+5.38+0.14+0.13+0.67+2.72+0.2+2.84+0.3+0.4+0.4=13.31 m

垂直：7×0.25=1.75 m

③ 室内PPR给水管 DN15(热熔连接)：水平：0.45+0.63=1.08 m

垂直：3×0.25=0.75 m

④ 室内UPVC排水管 DN100(承插连接)：水平：(1.5+0.48)干管+3.07×2支管=8.12 m

垂直：3.6 m

⑤ 室内 UPVC 排水管 DN75(承插连接):水平:2×(2.93+2.03+2.30+0.1+0.1+0.58)=16.08 m

⑥ 室内 UPVC 排水管 DN50(承插连接):水平:0.66+0.45=1.01 m
垂直:0.35×2+(0.35+0.2)×5=3.45 m

(4) 通风空调系统管路工程量分析

① 镀锌薄钢板矩形风管 200×200:
一层:2.80×[2×(0.2+0.2)]
二层:2.80×[2×(0.2+0.2)]

② 镀锌薄钢板矩形风管 300×200:
一层:1.63×[2×(0.3+0.2)]
二层:1.63×[2×(0.3+0.2)]

③ 镀锌薄钢板矩形风管 600×200:
一层:(0.35+0.35+0.35+2.02+2.02+2.02++0.23+0.23+0.23+0.35+2.7+0.23)×[2×(0.6+0.2)]
二层:(0.33+0.34+0.35+0.70+0.8+0.72+0.8+2.02+2.02+0.23+0.23)×[2×(0.6+0.2)]

④ 镀锌薄钢板矩形风管 800×200:一层:(0.37+0.46+0.79)×[2×(0.8+0.2)]

⑤ 镀锌薄钢板矩形风管 1 000×200:
一层:(0.46+0.52+3.0+0.83+0.17+0.83+0.77)×[2×(1+0.2)]×3
二层:(0.52+0.46+0.52+0.46+0.83+0.17+0.83+0.17+3+3+2.26+0.77)×[2×(1+0.2)]

⑥ 镀锌钢管——DN20:
首层:冷冻水回水 0.2+0.2+0.2+2.08+2.65+3.11
冷冻水供水 0.1+0.1+0.1+1.97+2.61+2.86
二层:冷冻水回水 0.2+0.2+0.2+0.66+2.29+2.64
冷冻水供水 0.03+0.1+0.1+0.1+0.45+2.51+2.87

⑦ 镀锌钢管——DN25:
首层:冷冻水回水 2.67+冷冻水供水 2.92
二层:冷冻水回水 8.04+冷冻水供水 8.04

⑧ 镀锌钢管——DN32:
首层:冷冻水回水 0.55+2.53+3.6+冷冻水供水 0.12+0.86+2.53+3.6
二层:冷冻水回水 0.38+1.87+冷冻水供水 0.08+0.38+1.67

⑨ 冷凝水管——DN32:
首层:2.04+2.14+5.44+11.51
二层:0.82+2.11+2.30+3.25+4.10+8.04

⑩ 镀锌钢管——DN50:冷冻水回水 1.1+2.7+冷冻水供水 1.1+2.7

3. 清单工程量汇总表

表9-2　清单工程量计算表

序号	清单编码	项目名称	单位	工程量	计算式
一、电气照明部分					
1	030404017001	配电箱AL-1（800×600）	台	1	
2	030404017002	配电箱AL-2（400×200）	台	1	
3	030404017003	配电箱AL-3（400×200）	台	1	
4	030408003001	SC50配管	m	23.00	合计：20.3+2.7=23.00
5	030411001001	SC32配管	m	34.9	合计：11.0+5.0+9.7+9.2=34.9
6	030411001002	SC25配管	m	110.95	合计：34.8+5.5+19.4+3.9+40.25+7.1=110.95
7	030411001003	PC20配管	m	230.61	合计：10.48+4.6+28.12+3.4+34.19+3.4+23.72+7.8+24.3+4.8+17.9+10.2+25.1+3.4+25.8+3.4=230.61
8	010101001001	电缆沟挖填土方	m³	11.70	沟深0.9×沟宽(0.3×2+0.05)×20=11.70
9	030408001001	YJV-1KV-4×10电力电缆线	m	28.09	[23.00(SC50管长)+1.5×2+(0.8+0.6)]×(1+2.5%)=28.09
10	030408006001	YJV-1KV-4×10电力电缆终端头	个	2	2
11	030411004001	BV-10配线	m	62.7	
12	030411004002	BV-6配线	m	54.00	
13	030411004003	BV-4配线	m	340.65	合计：125.10+71.70+143.85=340.65
14	030411004004	BV-2.5配线	m	619.01	合计：273.71+89.1+256.2=619.01
15	030412001001	格栅灯1 200×600	套	28	15+13
16	030412001002	格栅灯600×600	套	8	
17	030412001003	延时吸顶灯	套	7	5+2
18	030412001004	天棚灯	套	4	2+2
19	030412001005	自带电源应急照明灯	套	3	1+2
20	030404035001	普通二、三极插座	个	16	8+8
21	030404034001	单联单控暗开关	个	7	4+3
22	030404034002	双联单控暗开关	个	5	3+2
23	030411006001	开关盒	个	28	开关底盒+插座底盒
24	030411006002	接线盒	个	63	灯头盒+局部分线

续表 9-2

序号	清单编码	项目名称	单位	工程量	计 算 式
二、弱电工程					
25	030501012001	网络交换机	台	1	
26	030505001001	电视前端箱	个	1	
27	030502003001	电话交接箱	个	1	
28	030502010001	网络配线架	个	2	
29	030502003002	电视分线箱	个	2	
30	030502003003	电话接线盒	个	2	
31	030502004001	电话插座	个	7	
32	030502004002	电视插座	个	6	
33	030502012001	网络信息插座	个	8	
34	030505014001	接线盒	个	21	
35	030411001001	配管 SC40	m	36.9	12.3×3=36.9
36	030411001002	配管 PVC20	m	265.2	合计:24+110.7+106.5+10.8+7.2+6.0=265.2
37	030502005001	HYV-20(2×0.5)	m	12.6	
38	030502007001	六芯单模光纤	m	12.6	
39	030505005001	SYV-79-9	m	12.6	
40	030502005002	HYV-10(2×0.5)	m	12.2	
41	030505005002	SYV-79-7	m	12.2	
42	030502006001	超六类线	m	12.2	
43	030502005003	HYV-(2×0.5)	m	146.10	合计:146.10
44	030505005003	SYV-75-5	m	118.80	合计:118.80
45	030502006002	超五类线	m	158.70	合计:158.70
三、给排水工程部分					
46	031001006001	室内 PPR 给水管 DN32(热熔连接)	m	5.43	合计:2.08+3.35=5.43
47	031001006002	室内 PPR 给水管 DN20(热熔连接)	m	30.12	合计:(13.31+1.75)×2=15.06×2=30.12
48	031001006003	室内 PPR 给水管 DN15(热熔连接)	m	3.66	合计:(1.08+0.75)×2=3.66
49	031001006004	室内 UPVC 排水管 DN100(承插连接)	m	11.72	合计:8.12+3.6=11.72
50	031001006005	室内 UPVC 排水管 DN75(承插连接)	m	16.08	合计:2×(2.93+2.03+2.30+0.1+0.1+0.58)=16.08

续表 9-2

序号	清单编码	项目名称	单位	工程量	计 算 式
51	031001006006	室内 UPVC 排水管 DN50（承插连接）	m	8.92	合计：(1.01＋3.45)×2＝8.92
52	031004006001	坐式大便器	组	8	
53	031004007001	挂式小便器	组	6	
54	031004003001	陶瓷台式洗手盆	组	4	
55	031003013001	地漏 DN50	个	4	
56	031004014001	水表 DN32	组	1	
		空调风系统			
57	030702001001	碳钢通风管道 200×200	m²	4.46	
58	030702001002	碳钢通风管道 300×200	m²	3.26	
59	030702001009	碳钢通风管道 600×200	m²	38.39	
60	030702001010	碳钢通风管道 800×200	m²	4.70	
61	030702001002	碳钢通风管道 1 000×200	m²	31.21	
62	030108003001	轴流风机	台	2	
63	030404033001	排气扇	台	4	
64	030701004001	风机盘管 204	台	6	
65	030701004002	风机盘管 85	台	1	
66	030703007001	散流器 600×600	个	19	
67	030703007003	防水百叶 600×200	个	2	
68	030703007004	防水百叶 300×200	个	2	
		空调水系统			
69	031001001001	镀锌钢管 DN20	m	28.53	
70	031001001002	镀锌钢管 DN25	m	21.66	
71	031001001003	镀锌钢管 DN32	m	17.58	
72	031001001003	冷凝水塑料管 DN32	m	41.74	
73	031001001004	镀锌钢管 DN50	m	18.66	
74	031003001001	螺纹阀门	个	4.00	

第二节　建筑安装工程招标控制价编制

根据第一节工程概况、图纸识读、工程量计算,在本节完成招标控制价的编制,内容包括:①招标控制价封页和总说明;②分部分项工程量清单与计价表格;③综合单价分析表(选部分分项工程综合单价分析表为例,其余表略);④措施项目清单计价表;⑤其他项目清单表;⑥规费项目计价表;⑦单位工程招标控制价汇总表。

表 9-3　招标控制价封面

<u>　某综合用房安装　</u>工程

招标控制价

招标人：<u>　×　×　×　</u>
　　　　　（单位盖章）

××××年×月×日

表 9-4　招标控制价扉页

<u>　某综合用房安装　</u>工程

招标控制价

招标控制价(小写)：<u>　101 701.20　</u>元
　　　(大写)：<u>　拾万壹仟柒佰零壹元贰角　</u>

招　　标　　人：<u>　　　×××　　　</u>
　　　　　　　　（单位盖章）

法定代表人
或其授权人：<u>　×××　</u>
　　　　　（签字或盖章）

编制人：<u>　×××　</u>　　　　　　　复核人：<u>　×××　</u>
　（造价人员签字盖专用章）　　　　（造价工程师签字盖专用章）
编制时间：××××年×月×日　　复核时间：××××年×月×日

表 9-5 招标控制价总说明

总说明

工程名称:某综合用房安装工程 第1页 共1页

1. 工程概况:(略)
2. 招标控制价包括范围:本次招标的综合用房安装工程施工图范围内的建筑照明工程、建筑智能工程和建筑给排水工程。
3. 招标控制价编制依据:
(1) 招标工程量清单;
(2) 招标文件中有关计价的要求;
(3) ××所设计的建筑电气、建筑智能工程、给排水工程和通风空调工程施工图纸;
(4) 省建设主管部门颁发的计价定额和计价办法及有关计价文件,《建设工程工程量清单计价规范》(GB 50500—2013)、《通用安装工程工程量计算规范》(GB 50856—2013);
(5) 材料价格采用工程所在地工程造价管理机构××××年×月工程造价信息发布的价格信息(不含税单价),对于工程造价信息没有发布价格信息的材料,其价格参考市场价(不含税单价)。单价中均已包括≤5%的价格波动风险。
4. 川建造价发〔2016〕349号文件。

表 9-6 单位工程招标控制价汇总表

序号	汇总内容	计算式	金额(元)	其中:暂估价(元)
1	分部分项工程费	1.1+1.2+1.3+1.4	77 078.18	
1.1	电气照明工程		20 588.40	2 805.07
1.2	弱电工程		6 673.45	
1.3	给排水工程		9 107.11	
1.4	通风空调工程		40 709.22	23 100
2	措施项目费		3 198.51	
2.1	其中:安全文明施工费		1 177.69	
3	其他项目	3.1+3.2+3.3	8 785.82	
3.1	其中:暂列金额		7 707.82	
3.2	其中:计日工		1 078	
3.3	其中:总承包服务费		—	—
4	规费		2 560.19	
5	创优质工程奖补偿奖励费		—	—
6	税前工程造价	1+2+3+4+5	91 622.70	—
7	销项增值税额	6×销项增值税率	10 078.50	
招标控制价总价合计=税前工程造价+销项增值税额			101 701.20	

第九章 综合实例

表 9-7　分部分项工程量清单与计价表

工程名称:某综合用房安装工程

序号	项目编码	项目名称	项目特征描述	计量单位	工程数量	金额(元) 综合单价	合价	其中 定额人工费	暂估价
1	030404017001	配电箱	1. 名称:配电箱 2. 型号:AL-1 3. 规格:800×600×200 4. 安装方式:嵌入式,距地 1.8 m 5. 端子板外部接线材质。规格:BV-2.5,12个;BV-4,3个;BV-6,3个	台	1	1 124.43	1 124.92	94.93	1 000.00
2	030404017002	配电箱	1. 名称:配电箱 2. 型号:AL-2 3. 规格:400×200×120 4. 安装方式:嵌入式,距地 1.8 m 5. 端子板外部接线材质。规格:BV-2.5,3个;BV-4,3个	台	1	494.90	494.61	71.20	400.00
3	030404017003	配电箱	1. 名称:配电箱 2. 型号:AL-3 3. 规格:400×200×120 4. 安装方式:嵌入式,距地 1.8 m 5. 端子板外部接线材质。规格:BV-2.5,9个;BV-4,3个	台	1	694.90	695.61	71.20	600.00
4	010101001001	管沟土方	名称:电缆沟 土壤类别:一般土壤	m³	13.46	20.98	281.04	253.18	
5	030408003001	电缆保护管	1. 名称:钢管 SC 2. 规格:DN50 3. 材质:钢制 4. 敷设方式:埋地	m	23.00	37.76	852.38	216.89	
6	030408001001	电缆 YJV-4×10	1. 型号:电缆 YJV 2. 规格:4×10 3. 敷设方式:穿管敷设 4. 材质:铜芯 5. 敷设方式、部位:埋地 6. 电压等级:1 kV	m	28.09	33.25	940.17	105.34	744.95

一、电气照明工程部分

续表9-7

序号	项目编码	项目名称	项目特征描述	计量单位	工程数量	金额(元)			
						综合单价	合价	其中	
								定额人工费	暂估价
7	030408006001	电力电缆头	1. 名称:户内热缩式终端头 2. 规格、型号:YJV-4×10 3. 材质、类型:铜芯 4. 安装部位:配电箱内 5. 电压等级:1 kV	个	2	198.83	420.36	128.16	60.12
8	030411001001	配管	1. 名称:钢管 2. 材质:钢制 3. 规格:DN32 4. 配置形式:暗敷	m	34.9	26.55	933.23	192.30	
9	030411001002	配管	1. 名称:钢管 2. 材质:钢制 3. 规格:DN25 4. 配置形式:暗敷	m	110.95	23.88	2 668.35	574.72	
10	030411001003	配管	1. 名称:塑料管 2. 材质:塑料 3. 规格:DN20 4. 配置形式:暗敷	m	230.61	8.60	1 999.39	1 148.44	
11	030411004001	配线	1. 名称:管内穿线 2. 配线形式:照明线路 3. 规格型号:BV-10 mm^2 4. 配线部位:沿墙沿天棚	m	62.70	6.66	418.84	35.11	
12	030411004002	配线	1. 名称:管内穿线 2. 配线形式:照明线路 3. 规格型号:BV-6 mm^2 4. 配线部位:沿墙沿天棚	m	54.00	4.52	245.16	25.38	
13	030411004003	配线	1. 名称:电气配线 2. 配线形式:管内照明线 3. 规格型号:BV-4 mm^2 4. 配线部位:沿墙沿地沿天棚	m	340.65	3.56	1 219.53	143.07	
14	030411004004	配线	1. 名称:管内穿线 2. 配线形式:照明线路 3. 规格型号:BV-2.5 m^2 4. 配线部位:沿墙沿天棚	m	619.01	2.63	1 634.19	365.22	

续表 9-7

序号	项目编码	项目名称	项目特征描述	计量单位	工程数量	金额(元)			
						综合单价	合价	其 中	
								定额人工费	暂估价
15	030404034001	照明开关	1. 名称:单联单控开关 2. 规格:250 V,16 A 3. 安装方式:暗装,距地 1.4 m	个	7	14.79	103.53	35.28	
16	030404034002	照明开关	1. 名称:双联单控开关 2. 规格:250 V,16 A 3. 安装方式:暗装,距地 1.4 m	个	5	17.23	86.15	26.40	
17	030404035001	插座	名称:单相二、三极插座 规格:250 V,15 A 安装方式:暗装,距地 0.3 m	个	16	17.09	274.08	104.48	
18	030412001001	普通灯具	1. 名称:格栅灯 2. 规格:1 200×600 3. 类型:吸顶安装	套	28	123.31	3 473.12	358.96	
19	030412001002	普通灯具	1. 名称:格栅灯 2. 规格:600×600 3. 类型:吸顶安装	套	8	103.11	830.72	102.56	
20	030412001003	普通灯具	1. 名称:延时吸顶灯 2. 规格:220 V,30 W 3. 类型:吸顶安装	套	7	84.44	597.59	89.74	
21	030412001004	普通灯具	1. 名称:天棚灯 2. 规格:220 V,30 W 3. 类型:吸顶安装	套	4	54.14	220.28	51.28	
22	030412001005	普通灯具	1. 名称:自带电源应急照明灯 2. 规格:220 V 3. 类型:壁装 2.4 m	套	3	207.49	623.34	53.40	
23	030411006001	接线盒	1. 名称:开关、插座盒 2. 材质:塑料 3. 安装形式:暗装	个	28	5.84	164.92	79.80	
24	030411006002	接线盒	1. 名称:接线盒 2. 材质:塑料 3. 安装形式:暗装	个	63	6.28	405.09	168.21	
		合 计					20 588.402 6	4 495.25	2 805.07

续表 9-7

序号	项目编码	项目名称	项目特征描述	计量单位	工程数量	金额(元)			
						综合单价	合价	其中	
								定额人工费	暂估价
			二、弱电工程部分						
25	030501012001	网络交换机	1. 名称:网络交换机 2. 层数:固定式24口	台	1	1 194.56	1 194.56	98.84	
26	030505001001	电视前端箱	名称:电视前端箱	个	1	157.17	157.17	88.95	
27	030502003001	电话交接箱	1. 名称:电话交接箱 2. 材质:塑料	个	1	168.61	168.61	106.75	
28	030502010001	网络配线架	1. 名称:网络配线架 2. 规格:24口非屏蔽	个	2	257.85	515.70	237.22	
29	030502003002	电视分线箱	1. 名称:电视分线箱 2. 材质:全铁质 3. 规格:140×220×110	个	2	153.61	307.22	213.50	
30	030502003003	电话接线盒	1. 名称:电话接线盒 2. 材质:全铁质 3. 规格:6p4c	个	2	130.61	261.22	213.50	
31	030502004001	电话插座	1. 名称:电话插座 2. 安装方式:户内 3. 底盒材质:塑料	个	7	14.52	101.64	34.72	
32	030502004002	电视插座	1. 名称:电视插座 2. 安装方式:暗装 3. 规格:一位	个	6	17.56	105.36	34.14	
33	030502012001	网络信息插座	1. 名称:网络信息插座 2. 类别:单口非屏蔽 3. 规格:八位式模块	个	8	15.01	120.08	13.28	
34	030505014001	接线盒	1. 名称:接线盒 2. 材质:塑料 3. 规格:86 h	个	21	12.79	268.59	166.11	
35	030411001001	配管 SC40	1. 名称:电线管 2. 材质:焊接钢管 3. 规格:DN40 4. 配置方式:砖混暗敷	m	24.6	17.29	425.33	159.65	
36	030411001002	配管 PVC20	1. 名称:电线管 2. 材质:塑料管 3. 规格:DN20 4. 配置方式:砖混暗敷	m	265.8	5.38	1 426.78	753.17	

续表 9-7

序号	项目编码	项目名称	项目特征描述	计量单位	工程数量	金额(元)		其中	
						综合单价	合价	定额人工费	暂估价
37	030502006001	HYV-20 (2×0.5)	1. 名称:大对数非屏电缆 2. 规格:2芯截面为0.5 mm²的电缆 3. 线缆对数:20 4. 敷设方式:管内放穿	m	12.6	6.97	87.82	7.43	
38	030502007001	六芯单模光纤	1. 名称:单模光纤 2. 规格:六芯管内穿放光纤	m	12.6	13.11	165.19	10.58	
39	030505005001	SYV-79-9	1. 名称:射频同轴电缆 2. 规格:SYV-79-9 3. 敷设方式:管内穿放	m	12.6	3.27	41.20	8.06	
40	030502006002	HYV-10 (2×0.5)	1. 名称:大对数非屏电缆 2. 规格:2芯截面为0.5 mm²的电缆 3. 线缆对数:10 4. 敷设方式:管内放穿	m	12.2	4.41	53.80	7.20	
41	030505005002	SYV-79-7	1. 名称:射频同轴电缆 2. 规格:SYV-79-7 3. 敷设方式:管内穿放	m	12.2	2.89	35.26	7.09	
42	030502005001	超六类线	1. 名称:超六类线 2. 线缆对数:1 3. 敷设方式:管内暗敷	m	12.2	9.35	114.07	3.54	
43	030502006003	HYV- (2×0.5)	1. 名称:大对数非屏电缆 2. 规格:2芯截面为0.5 mm²的电缆 3. 线缆对数:1 4. 敷设方式:管内放穿	m	146.10	1.30	189.93	86.20	
44	030505005003	SYV-75-5	1. 名称:射频同轴电缆 2. 规格:SYV-75-5 3. 敷设方式:管内穿放	m	118.80	1.89	224.53	76.03	
45	030502005002	超五类线	1. 名称:超六类线 2. 线缆对数:1 3. 敷设方式:管内暗敷	m	158.70	4.47	709.39	46.02	
			合 计				6 673.45	2 371.98	

续表 9-7

序号	项目编码	项目名称	项目特征描述	计量单位	工程数量	金额(元)			
						综合单价	合价	其中	
								定额人工费	暂估价
三、给排水工程部分									
46	031001006001	塑料管	1. 安装部位:室内 2. 介质:冷水 3. 规格:PPR DN32 4. 连接方式:热熔	m	5.43	25.06	136.08	62.76	
47	031001006002	塑料管	1. 安装部位:室内 2. 介质:冷水 3. 规格:PPR DN20 4. 连接方式:热熔	m	30.12	19.09	574.99	307.52	
48	031001006003	塑料管	1. 安装部位:室内 2. 介质:冷水 3. 规格:PPR DN15 4. 连接方式:热熔	m	3.66	20.36	74.52	37.36	
49	031001006004	塑料管	1. 安装部位:室内 2. 介质:冷水 3. 规格:UPVC100 4. 连接方式:承插	m	11.72	42.98	503.73	193.61	
50	031001006005	塑料管	1. 安装部位:室内 2. 介质:冷水 3. 规格:UPVC75 4. 连接方式:承插	m	16.08	34.19	549.78	237.34	
51	031001006006	塑料管	1. 安装部位:室内 2. 介质:冷水 3. 规格:UPVC50 4. 连接方式:承插	m	8.92	24.81	221.31	96.88	
52	031004006001	大便器	1. 材质:陶瓷 2. 组装方式:连体坐式 3. 附件名称及数量:自闭式冲洗阀1个	组	8	399.31	3 194.48	402.32	
53	031004007001	小便器	1. 材质:陶瓷 2. 组装方式:挂式 3. 附件名称及数量:自闭式冲洗	组	6	223.5	1 341.00	149.34	
54	031004003001	洗脸盆	1. 材质:陶瓷洗手盆 2. 规格、类型:单冷水 3. 组装方式:台式 4. 附件名称及数量:螺纹阀门1个,DN15水嘴1个	组	4	568.26	2 273.04	139.84	

续表 9-7

序号	项目编码	项目名称	项目特征描述	计量单位	工程数量	金额(元)			
						综合单价	合价	其中	
								定额人工费	暂估价
55	031003013001	水表	1. 安装部位:入户管上 2. 型号规格:DN32 3. 连接方式:螺纹连接 4. 附件配置:螺纹阀门DN32,1 个	个	1	90.28	90.28	39.59	
56	031004014001	地漏	1. 材质:塑料地漏 2. 型号规格:DN50 地漏	个	4	36.98	147.92	47.40	
		合 计					9 107.11	1 713.96	
		空调风系统							
57	030702001001	碳钢通风管道 200×200	1. 名称:镀锌薄钢板风管 2. 规格:200×200 3. 形状:矩形 4. 板材厚度:0.75 5. 接口形式:法兰	m^2	4.46	65.22	290.88	72.72	
58	030702001002	碳钢通风管道 300×200	1. 名称:镀锌薄钢板风管 2. 规格:300×200 3. 形状:矩形 4. 板材厚度:0.75 5. 接口形式:法兰	m^2	3.26	65.22	212.62	72.72	
59	030702001003	碳钢通风管道 600×200	1. 名称:镀锌薄钢板风管 2. 规格:600×200 3. 形状:矩形 4. 板材厚度:0.75 5. 接口形式:法兰	m^2	38.39	65.22	2 503.80	625.95	
60	030702001004	碳钢通风管道 800×200	1. 名称:镀锌薄钢板风管 2. 规格:800×200 3. 形状:矩形 4. 板材厚度:0.75 5. 接口形式:法兰	m^2	40.58	86.20	3 498.00	874.50	
61	030702001005	碳钢通风管道 1 000×200	1. 名称:镀锌薄钢板风管 2. 规格:1 000×200 3. 形状:矩形 4. 板材厚度:0.75 5. 接口形式:法兰	m^2	31.21	86.20	2 690.30	672.58	
62	030108003001	轴流通风机	质量:0.3 t 以内	台	2	366.43	732.86	183.22	

续表 9-7

序号	项目编码	项目名称	项目特征描述	计量单位	工程数量	金额(元)			
						综合单价	合价	其中	
								定额人工费	暂估价
63	030404033001	排气扇	质量:0.2 t 以内	台	4	183.00	732.00	183.00	
64	030701004001	风机盘管 204	1. 名称:卧式风机盘管 204 2. 安装形式:明装	台	6	3 650.41	21 902.46	5 475.62	20 400
65	030701004002	风机盘管 85	1. 名称:卧式风机盘管 85 2. 安装形式:明装	台	1	2 980.33	2 980.33	745.08	2 700
66	030703007001	散流器 600×600	1. 名称:方形散流器 600×600 2. 规格:600×600	个	19	87.69	1 666.11	416.53	
67	030703007003	百叶风口 600×200	1. 名称:百叶风口 600×200 2. 规格:600×200	个	2	120.60	241.20	60.30	
68	030703007004	百叶风口 300×200	1. 名称:防水百叶 300×200 2. 规格:300×200	个	2	68.49	136.98	34.25	
	合计						37 374.92	9 343.73	
			空调水系统						
69	031001001001	镀锌钢管 DN20	1. 安装部位:室内 2. 介质:空调水 3. 连接形式:螺纹连接 4. 规格、压力等级 DN20:15 以外 20 以内	m	28.53	17.42	496.99	124.25	
70	031001001002	镀锌钢管 DN25	1. 安装部位:室内 2. 介质:空调水 3. 连接形式:螺纹连接 4. 规格、压力等级 DN25:20 以外 25 以内	m	21.66	20.55	445.11	111.28	
71	031001001003	镀锌钢管 DN32	1. 安装部位:室内 2. 介质:空调水 3. 连接形式:螺纹连接 4. 规格、压力等级 DN32:25 以外 32 以内	m	17.58	25.34	445.48	111.37	

续表 9-7

序号	项目编码	项目名称	项目特征描述	计量单位	工程数量	金额(元)			
						综合单价	合价	其中	
								定额人工费	暂估价
72	031001001003	塑料管DN32	1. 安装部位:室内 2. 介质:空调水 3. 连接形式:承插粘接 4. 规格、压力等级 DN32:25 以外 32 以内	m	41.74	7.88	328.91	82.23	
73	031001001004	镀锌钢管DN50	1. 安装部位:室内 2. 介质:空调水 3. 连接形式:螺纹连接 4. 规格、压力等级 DN50:40 以外 50 以内	m	18.66	34.66	646.76	161.69	
74	031003001001	螺纹阀门	1. 材质:铜 2. 规格、压力等级:DN50,40 以外 50 以内	个	4.00	143.21	572.84	143.21	
	合计						3 334.31	833.58	

表 9-8 主要材料信息单价分析表

序号	名称	型号规格(mm)	单位	市场价(含税价格)(元)	信息单价(不含税)(元)	数量	备注
1	照明配电箱 AL-1	800×600×200	台		1 000.00	1	暂估材料
2	照明配电箱 AL-2	400×200×120	台		400.00	1	暂估材料
3	照明配电箱 AL-3	400×200×120	台		600.00	1	暂估材料
4	电缆保护管	DN50	m	24.57	21.00	23	
5	电力电缆	YJV-3×10	m		26.00	28.09	暂估材料
6	铜芯户内热缩式电力电缆终端头	YJV-3×10	个		30.00	2	暂估材料
7	钢管	DN32	m	19.89	17.00	34.9	
8	钢管	DN25	m	17.55	15.00	110.95	
9	刚性阻燃管	DN20	m	1.64	1.40	230.61	
10	铜芯绝缘导线	BV-10	m	6.44	5.50	62.7	

续表 9-8

序号	名　称	型号规格（mm）	单位	市场价(含税价格)(元)	信息单价(不含税)(元)	数　量	备　注
11	铜芯绝缘导线	BV-6	m	4.21	3.60	54	
12	铜芯绝缘导线	BV-4	m	2.93	2.50	340.65	
13	铜芯绝缘导线	BV-2.5	m	1.76	1.50	619.01	
14	单联单控开关		套	9.36	8.00	7	
15	双联单控开关		套	11.70	10.00	5	
16	单相五孔插座	15 A　220 V	套	9.36	8.00	16	
17	格栅灯	1 200×600	套	117.00	100.00	28	
18	格栅灯	600×600	套	93.60	80.00	8	
19	延时吸顶灯		套	70.20	60.00	7	
20	天棚灯		套	35.10	30.00	4	
21	自带电源应急照明灯		套	210.60	180.00	3	
22	开关盒	86×86	个	1.99	1.70	28	
23	接线盒	86×86	个	1.99	1.70	63	
24	网络交换机	A5700S-28P-LI	台		1 000.00	1	暂估材料
25	电视前端箱		个		100.00	1	暂估材料
26	电话交接箱		个		140.00	1	暂估材料
27	网络配线架	Commscope 24口网络配线架	个		220.00	2	暂估材料
28	电视分线箱		个		120.00	2	暂估材料
29	电话接线盒		个	93.60	80.00	2	
30	电话插座		个	11.70	10.00	7	
31	电视插座		个	11.70	10.00	6	
32	网络信息插座		个	11.70	10.00	8	
33	接线盒		个	1.76	1.50	21	
34	钢管 SC	DN40	m	24.57	21.00	36.9	
35	塑料配管	配管 PVC20	m	3.74	3.20	265.2	
36	HYV-20(2×0.5)		m	7.61	6.50	12.6	
37	六芯单模光纤		m	12.87	11.00	12.6	

续表 9-8

序号	名称	型号规格(mm)	单位	市场价(含税价格)(元)	信息单价(不含税)(元)	数量	备注
38	SYV-79-9		m	3.28	2.80	12.6	
39	HYV-10(2×0.5)		m	4.68	4.00	12.2	
40	SYV-79-7		m	2.93	2.50	12.2	
41	超六类线		m	9.13	7.80	12.2	
42	HYV-(2×0.5)		m	1.29	1.10	146.1	
43	SYV-75-5		m	1.76	1.50	118.8	
44	超五类线		m	4.80	4.10	158.7	
45	室内PPR给水管DN32(热熔连接)	DN32	m	6.79	5.80	5.43	
46	塑料给水管件	DN32	个	5.85	5.00		
47	室内PPR给水管DN20(热熔连接)	DN20	m	2.93	2.50	30.12	
48	塑料给水管件	DN20	个	3.28	2.80		
49	室内PPR给水管DN15(热熔连接)	DN15	m	2.93	2.50	3.66	
50	塑料给水管件	DN15	个	3.28	2.80		
51	室内UPVC排水管DN100(承插连接)	DN100	m	16.38	14.00	11.72	
52	室内UPVC排水管管件(承插连接)	DN100	个	7.02	6.00		
53	室内UPVC排水管DN75(承插连接)	DN75	m	8.42	7.20	16.08	
54	室内UPVC排水管管件(承插连接)	DN75	个	7.02	6.00		
55	室内UPVC排水管DN50(承插连接)	DN50	m	5.03	4.30	8.92	
56	室内UPVC排水管管件(承插连接)	DN50	个	7.02	6.00		
57	坐式大便器		组	351.00	300.00	8	
58	挂式小便器		组	175.50	150.00	6	

续表 9-8

序号	名　　称	型号规格 （mm）	单位	市场价(含税价格)(元)	信息单价(不含税)(元)	数　量	备注
59	陶瓷台式洗手盆		组	526.50	450.00	4	
60	钢制地漏	DN50	个	23.40	20.00	4	
61	螺翼式水表	DN32	组	35.10	30.00	1	
62	螺纹闸阀	DN32	个	11.70	10.00		
63	碳钢通风管道 200×200	200×200	m²	7.72	6.60	4.46	
64	碳钢通风管道 300×200	300×200	m²	7.72	6.60	3.26	
65	碳钢通风管道 600×200	600×200	m²	7.72	6.60	38.39	
66	碳钢通风管道 800×200	800×200	m²	7.72	6.60	4.7	
67	碳钢通风管道 1 000×200	1 000×200	m²	7.72	6.60	31.21	
68	轴流风机		台		300.00	2	暂估材料
69	排气扇		台		150.00	4	暂估材料
70	风机盘管 204	FP-204	台		2 500.00	6	暂估材料
71	风机盘管 85	FP-85	台		2 000.00	1	暂估材料
72	碳钢散流器	600×600	个	81.90	70.00	19	
73	防水百叶	600×200	个	105.30	90.00	2	
74	防水百叶	300×200	个	58.50	50.00	2	
75	镀锌钢管 DN20	DN20	m	17.55	15.00	28.53	
76	镀锌钢管 DN25	DN25	m	21.06	18.00	21.66	
77	镀锌钢管 DN32	DN32	m	25.74	22.00	17.58	
78	冷凝水塑料管 DN32	DN32	m	5.27	4.50	41.74	
79	镀锌钢管 DN50	DN50	m	38.61	33.00	18.66	
80	螺纹阀门		个	140.40	120.00	4	

表 9-9 工程量清单综合单价分析表

工程名称： 　　　　　标段： 　　　　　　　　　　　　　　　　　　　　　　　　第 1 页 共 1 页

项目编码	030404017001	项目名称	配电箱			计量单位	台	工程量	1
清单综合单价组成明细									
定额编号	定额项目名称	定额单位	数量	单 价				合 价	
				人工费	材料费	机械费	管理费和利润	人工费	材料费	机械费	管理费和利润
CD0342	配电箱 (800×600×200)	台	1	94.93	3.21	3.62	22.67	94.93	2.82	3.36	23.80
人工单价			小　　　　计				94.93	2.82	3.36	23.80
元/工日			未计价材料费								
清单项目综合单价								1 124.92		
材料费明细	主要材料名称、规格、型号			单位	数量	单价（元）	合价（元）	暂估单价（元）	暂估合价（元）	
	成套配电箱（800×600×200）			台	1.000	1 000.00	1 000.00	1 000.00	1 000.00	
	其他材料费					—		—		
	材料费小计					—	1 000.00	—	1 000.00	

注：按照川建发〔2016〕349 号文件的规定，对四川省 2015 定额进行调整，调整系数查询表 1-21 中数据。
(1) 人工费不含进项税额，不做调整。
(2) 安装定额计价材料费乘以调整系数 88%。
(3) 施工机具费乘以调整系数 92.5%。
(4) 综合费乘以调整系数 105%。

续表 9-9

工程量清单综合单价分析表

工程名称：　　　　　标段：　　　　　第 2 页 共 页

项目编码	03040800300 1		项目名称		电缆保护管		计量单位	m	工程量	23.00
				清单综合单价组成明细						
定额编号	定额项目名称	定额单位	数量	单 价				合 价		
				人工费	材料费	机械费	管理费和利润	人工费	材料费	机械费	管理费和利润
CD1481	电缆保护管 SC50	100 m	0.01	943.35	314.25	55.98	229.85	9.43	2.77	0.52	2.41
人工单价			小 计					9.43	2.77	0.52	2.41
元/工日			未计价材料费						21.63		
清单项目综合单价									36.76		
材料费明细	主要材料名称、规格、型号			单 位	数 量		单价（元）	合价（元）	暂估单价（元）	暂估合价（元）
	钢管 DN50			m	1.03		21	21.63		
	其他材料费									
	材料费小计							21.63		

续表 9-9

工程量清单综合单价分析表

工程名称： 标段： 第 3 页 共 页

项目编码	030411001002	项目名称	配管 DN25			计量单位	m	工程量	110.95
清单综合单价组成明细									
定额编号	定额项目名称	定额单位	数量	单 价			合 价		
				人工费	材料费	机械费	人工费	材料费	机械费	管理费和利润
CD1478	配管 DN25	100 m	0.01	517.95	173.78	40.16	128.37	5.18	1.53	0.37	1.35
人工单价			小 计				5.18	1.53	0.37	1.35
元/工日			未计价材料费					15.45		
清单项目综合单价								23.88		
材料费明细	主要材料名称、规格、型号				单 位	数 量	单价（元）	合价（元）	暂估单价（元）	暂估合价（元）
	钢管 DN25				m	1.03	15	15.45		
	其他材料费									
	材料费小计							15.45		

续表 9-9

工程量清单综合单价分析表

工程名称：　　　　　　　　　标段：　　　　　　　　　　　　　　　　　　　第 4 页 共 54 页

项目编码	030411004002	项目名称		配线 BV-6 mm²		计量单位	m	工程量	
清单综合单价组成明细									
定额编号	定额项目名称	定额单位	数量	单价			合价		
				人工费	材料费	机械费	人工费	材料费	机械费	管理费和利润
CD1759	BV-6mm²	100 m	0.01	47.46	17.44	—	0.47	0.15	0.00	0.11
人工单价		小　计					0.47	0.15	0.00	0.11
元/工日		未计价材料费					3.78			
清单项目综合单价							4.52			
材料费明细	主要材料名称、规格、型号				单位	数量	单价(元)	合价(元)	暂估单价(元)	暂估合价(元)
	铜芯绝缘导线 BV-6				m	1.05	3.6	3.78		
	其他材料费									
	材料费小计							3.78		

表 9-10　总价措施项目清单计价表

工程名称：某综合用房安装工程

序号	项目编码	项目名称	计算基础	费率(%)	金额(元)	调整费率(%)	调整后金额(元)
1	031302001001	安全文明施工	①+②+③+④+⑤		1 177.69		
	①	环境保护	分部分项清单项目定额人工费	0.2	34.14		
	②	文明施工	分部分项清单项目定额人工费	1.24	211.64		
	③	安全施工	分部分项清单项目定额人工费	2.05	349.89		
	④	临时设施	分部分项清单项目定额人工费	3.41	582.02		
2	031302002001	夜间施工费	分部分项清单项目定额人工费	0.78	133.13		
3	031302004001	二次搬运费	分部分项清单项目定额人工费	0.38	64.86		
4	031302005001	冬雨季施工	分部分项清单项目定额人工费	0.58	99.00		
		小　计			1 474.68		

注：安全文明施工费、夜间施工费、二次搬运费和冬雨季施工费等专项措施费按照川建发〔2016〕349号文件中的费用标准进行计算，费率取值可查询表1-22和表1-23。

表 9-11　专业措施项目

序号	项目编码	项目名称	计算基础	计量单位	费率(%)	金额(元)
1	031301017001	脚手架搭拆(给排水系统)	分部分项清单项目定额人工费(给排水系统)	项	5	118.60
2	031301017002	脚手架搭拆(弱电工程)	分部分项清单项目定额人工费(弱电工程)	项	4	68.56
3	031301017003	脚手架搭拆(通风工程)	分部分项清单项目定额人工费(通风工程)	项	5	467.19
4	031301017003	脚手架搭拆(通风工程)	分部分项清单项目定额人工费(空调水系统)	项	5	41.68
5	031301018001	系统调整费(通风工程)	分部分项清单项目定额人工费(通风工程)	项	11	1 027.81
		小　计				1 723.83

表 9-12 其他项目计价表

序号	项目名称	金额(元)	结算金额	备注
1	暂列金额	7 707.82		77 078.18×10%
2	暂估价	—		
2.1	材料工程(设备暂估价)/结算价	—		
2.2	专业工程暂估价/结算价	—		
3	计日工	1 078		
4	总承包服务费	—		
5	索赔与现场签证	—		
	合计	8 785.82		

表 9-12-1 暂列金额明细表

序号	项目名称	计量单位	暂列金额(元)	备注
1	工程量偏差和设计变更		4 624.69	60%
2	材料价格风险		3 083.13	40%
	合计		7 707.82	

表 9-12-2 材料(工程设备)暂估单价及调整表

序号	材料(工程设备)名称、规格、型号	计量单位	数量		单价(元)		合价(元)		差额±(元)		备注
			暂估	确认	暂估	确认	暂估	确认	单价	合价	
1	配电箱 AL-1(800×600×200)	个	1.000		1 000.00		1 000.00				
2	配电箱 AL-2(400×200×120)	个	1.000		400.00		400.00				
3	配电箱 AL-3(400×200×120)	个	1.000		600.00		600.00				
4	电力电缆 YJV-4×10	m	28.09		26		730.34				
5	铜芯户内热缩式电缆终端头	个	2		30		60				
	……										
	合计						12 730.34				

表 9-12-3 计日工表

编号	项目名称	单位	暂定数量	实际数量	综合单价(元)	合价(元) 暂定	合价(元) 实际
一	人 工						
1	高级技术用工	工日	10		60	600	
2	普通用工	工日	5		40	200	
	人 工 小 计					800	
二	材 料*						
1	电焊条	kg	3		20	60	
2	型 材	kg	5		3.60	18	
	材 料 小 计					78	
三	施工机械						
	施 工 机 械 小 计					0	
四、企业管理费和利润						200	
	总 计					1 078	

表 9-13 规费项目计价表

序号	工程名称	计算基础	费率(%)	金额(元)
1	规 费	1.1+1.2+1.3		2 560.19
1.1	社会保险费	①+②+③+④+⑤		1 996.95
①	养老保险费	分部分项清单项目定额人工费	7.5	1 280.10
②	失业保险费	分部分项清单项目定额人工费	0.6	102.41
③	医疗保险费	分部分项清单项目定额人工费	2.7	460.83
④	工伤保险费	分部分项清单项目定额人工费	0.7	119.48
⑤	生育保险费	分部分项清单项目定额人工费	0.2	34.14
1.2	住房公积金	分部分项清单项目定额人工费	3.3	563.24
1.3	工程排污费	按工程所在地环境保护部门收取标准,按实计入	暂不计	—

注:费率取值查询表 1-4 中,取上限值。

第三节 建筑安装工程竣工结算编制

一、有关资料

(1) 工程名称:某综合用房水电安装工程

(2) 工程在实施过程中出现的变更情况如下:

① 承发包双方实际核定的室内 PPR 给水管 DN20 消耗量为 34.10 m。

② 承发包双方实际核定的电缆保护管 SC50 消耗量为 28 m,入户电缆线(YJV-4×10)为 34 m。

③ 省工程造价管理机构发布人工费调整文件,规定从××年×月×日起人工费调增 10%。

④ 配电箱 AL-1 原估算价为 1 000 元,实际发生为 850 元;配电箱 AL-2 原估算价为 400 元,实际发生为 450 元;配电箱 AL-3 原估算单价为 600 元/台,实际发生单价为 700 元/台。电力电缆 YJV-4×10 的实际发生单价为 28 元/m,电力电缆终端头的实际发生单价为 30 元/个。

⑤ 因为管线方向修改发生凿槽刨沟费用 400.00 元,有发包方签字的签证单。

⑥ 发生箱体安装二次喷漆(喷字)300.00 元。

⑦ 因前期土建队伍施工造成该承包方开工日期比合同约定延迟 3 天。因恶劣天气环境,造成施工工期延长 2 天。

二、分析计算增减费用

(1) 管线工程量调差

按照合同中有关条文:如果工程量偏差在 15% 以内(包含 15%),工程量按实调整,综合单价不调整。如果工程量偏差超过 15%,工程量按实调整,综合单价调整的原则为:

① 当工程量增加 15% 以上时,其增加部分的工程量的综合单价应予调低 5%。

② 当工程量减少 15% 以上时,减少后剩余部分的工程量的综合单价应予调高 5%。

结算时项目结算价按以下规定调整:

① 当 $Q_1 > 1.15Q_0$ 时,$S = 1.15Q_0 \times P_0 + (Q_1 - 1.15Q_0) \times P_1$。

② 当 $Q_1 < 0.85Q_0$ 时,$S = Q_1 \times P_1$。

式中:S——调整后项目结算价;

Q_0——招标工程量;

Q_1——实际发生工程量;

P_0——招标文件的综合单价;

P_1——调整后的清单项目综合单价。

① 室内 PPR 给水管 DN20:

$$(34.10 - 30.12)/30.12 = 13.2\% < 15\%$$

综合单价不调整,该项目结算价 = 34.10×18.98 = 647.22 元

② 电缆保护管 SC50:

$$(28 - 23)/23 = 21.7\% > 15\%$$

综合单价予以调整,调整后综合单价为:$P_1 = 38.74 \times 95\% = 36.80$ 元

$$S = 1.15Q_0 \times P_0 + (Q_1 - 1.15Q_0) \times P_1$$
$$= 1.15 \times 23 \times 38.74 + (28 - 1.15 \times 23) \times 36.80 = 1\ 081.71 \text{ 元}$$

③ 入户电缆线(YJV-4×10)

$$(34 - 28.09)/28.09 = 21\% > 15\%$$

综合单价予以调整，调整后综合单价为：$P_1 = 36.07 \times 95\% = 34.27$ 元

$$S = 1.15Q_0 \times P_0 + (Q_1 - 1.15Q_0) \times P_1$$
$$= 1.15 \times 28.09 \times 36.07 + (34 - 1.15 \times 28.09) \times 34.27 = 1\,223.33 \text{ 元}$$

(2) 省工程造价管理机构发布人工费调整文件，规定从××××年×月×日起人工费调增10%。本工程人工费应予以调整，并调整相应综合单价。

(3) 因发包方原因线路更改，费用应做调整，增加凿槽刨沟费用400.00元。

(4) 箱体安装未包括二次喷字的费用，故要做价款调整，增加费用300.00元。

(5) 工期延误非承包方原因，工期可顺延，但不调整费用。

三、竣工结算表格

表 9-14　竣工结算价封面

___某综合用房安装___ 工程

竣工结算书

发　包　人：___×　×　×___

　　　　　　　　　　　　（单位盖章）

承　包　人：___××安装工程公司___

　　　　　　　　　　　　（单位盖章）

　　　　　　　　　　　　××××年×月×日

表 9-15　竣工结算价扉页

___某综合用房安装___ 工程

竣工结算总价

签约合同价(小写)：___101 701.20 元___　（大写）：___拾万壹仟柒佰零壹元贰角___

竣工结算价(小写)：___99 167.28 元___　（大写）：___玖万玖仟壹佰陆拾柒元贰角捌分___

发　包　人：___×××___　　　　　　　承　包　人：___××安装工程公司___
　（单位盖章）　　　　　　　　　　　　　（单位盖章）

法定代表人：×××　　　　　　　　　　法定代表人：××安装工程公司
或其授权人：×××　　　　　　　　　　或其授权人：×××
　（签字或盖章）　　　　　　　　　　　　（签字或盖章）

编　制　人：___×××___　　　　　　　核　对　人：___×××___
　（造价人员签字盖专用章）　　　　　　　（造价工程师签字盖专用章）

编制时间：××××年×月×日　　　　　　核对时间：××××年×月×日

表 9-16　竣工结算价总说明

总说明

工程名称:某综合用房安装工程　　　　　　　　　　　　　　　第 1 页　共 1 页

1. 工程概况:(略)
2. 竣工结算核对依据:
(1) 承包人报送的竣工结算。
(2) 施工合同。
(3) 竣工图、发包人确认的实际完成工程量和索赔及现场签证资料。
(4) 省工程造价管理机构发布的人工费调整文件。
(5) 川建造价发〔2016〕349 号文件。
3. 核对情况说明:
原招标控制价金额为 101 701.20 元,核对后结算确认金额为 99 167.28 元,金额变化的主要原因为:
(1) 根据进货凭证和付款记录,发包人供应配电箱 AL-1(800×600×200)的价格核对确认为 850 元/台,配电箱 AL-2(400×200×120)的价格核对确认为 450 元/台,配电箱 AL-3(400×200×120)的价格核对确认为 700 元/台,并调整了相应项目的综合单价。
(2) 计日工 1 078 元,实际支付 878 元,节支 200 元。
(3) 招标控制价中暂列金额 7 707.82 元,主要用于工程量偏差及设计变更,施工索赔和现场签证、材料暂估结算价款变化、人工费调整等情况。其中用于索赔及现场签证 2 200 元。
4. 其他(略)。

表 9-17　建设项目竣工结算汇总表

建设项目竣工结算汇总表

工程名称:某综合用房安装工程　　　　　　　　　　　　　　　第 1 页　共 1 页

序号	单项工程名称	金　额(元)	其　中:(元)	
			安全文明施工费	规　费
1	某综合用房	99 167.28	1 132.08	3 773.64
	合　计	9 9167.28	1 132.08	3 773.64

表 9-18　单项工程竣工结算汇总表

单项工程竣工结算汇总表

工程名称:某综合用房安装工程　　　　　　　　　　　　　　　第 1 页　共 1 页

序号	单位工程名称	金　额(元)	其　中:(元)	
			安全文明施工费	规　费
1	某综合用房安装工程	99 167.28	1 132.08	3 773.64
	合　计	99 167.28	1 132.08	3 773.64

第九章 综合实例

表 9-19　单位工程竣工结算汇总表

工程名称:某综合用房安装工程　　　　　　　　　　　　　　　　　　第 1 页　共 1 页

序号	汇总内容	计算式	金额(元)
1	分部分项工程费	1.1+1.2+1.3+1.4	78 936.26
1.1	电气照明工程		21 935.57
1.2	弱电工程		6 740.19
1.3	给排水工程		9 551.28
1.4	通风空调工程		40 709.22
2	总价措施项目		3 551.99
2.1	其中:安全文明施工费		1 132.08
3	其他项目	3.1+3.2	3 078
3.1	其中:计日工		878
3.2	其中:索赔与签证		2 200
4	规费		3 773.64
5	创优质工程奖补偿奖励费		—
6	税前工程造价	1+2+3+4+5	89 339.89
7	销项增值税额	6×销项增值税率	9 827.39
	工程结算总价=税前工程造价+销项增值税额	6+7	99 167.28

表 9-20　分部分项工程量清单与计价表

工程名称:某综合用房安装工程

序号	项目编码	项目名称	项目特征描述	计量单位	工程数量	金额(元) 综合单价	合价	其中 定额人工费
			一、电气部分					
1	030404017001	配电箱	1. 名称:配电箱 2. 型号:AL-1 3. 规格:800×600×200 4. 安装方式:嵌入式,距地 1.8 m 5. 端子板外部接线材质、规格: BV-2.5,12 个;BV-4,3 个; BV-6,3 个	台	1	994.85	994.85	94.93
2	030404017002	配电箱	1. 名称:配电箱 2. 型号:AL-2 3. 规格:400×200×120 4. 安装方式:嵌入式,距地 1.8 m 5. 端子板外部接线材质、规格: BV-2.5,3 个;BV-4,3 个	台	1	559.85	559.85	71.20

续表 9-20

序号	项目编码	项目名称	项目特征描述	计量单位	工程数量	金额(元)		其中 定额人工费
						综合单价	合价	
3	030404017003	配电箱	1. 名称:配电箱 2. 型号:AL-3 3. 规格:400×200×120 4. 安装方式:嵌入式,距地 1.8 m 5. 端子板外部接线材质、规格:BV-2.5,9 个;BV-4,3 个	台	1	809.85	809.85	71.20
4	010101001001	管沟土方	名称:电缆沟 土壤类别:一般土壤	m³	13.46	24.93	335.56	253.18
5	030408003001	电缆保护管 (1.15 倍量)	1. 名称:钢管 SC 2. 规格:DN50 3. 材质:钢制 4. 敷设方式:埋地	m	26.45	38.74	1 024.67	216.89
5′	030408003001	电缆保护管 (超 1.15 倍量)		m	1.15	36.80	42.32	
6	030408001001	电缆 YJV-4×10 (1.15 倍量)	1. 型号:电缆 YJV 2. 规格:3×10 3. 敷设方式:穿管敷设 4. 材质:铜芯 5. 敷设方式、部位:埋地 6. 电压等级:1 kV	m	32.3	36.07	1 165.06	105.34
6′	030408001001	电缆 YJV-4×10 (超 1.15 倍量)			1.7	34.27	58.26	
7	030408006001	电力电缆头	1. 名称:户内热缩式终端头 2. 规格、型号:YJV-4×10 3. 材质、类型:铜芯 4. 安装部位:配电箱内 5. 电压等级:1 kV	个	2	212.28	424.56	128.16
8	030411001001	配管	1. 名称:钢管 2. 材质:钢制 3. 规格:DN32 4. 配置形式:暗敷	m	34.9	27.71	967.08	88.16
9	030411001002	配管	1. 名称:钢管 2. 材质:钢制 3. 规格:DN25 4. 配置形式:暗敷	m	110.95	24.97	2 770.42	329.45

续表 9-20

序号	项目编码	项目名称	项目特征描述	计量单位	工程数量	金额(元)		
						综合单价	合价	其中 定额人工费
10	030411001003	配管	1. 名称:塑料管 2. 材质:塑料 3. 规格:DN20 4. 配置形式:暗敷	m	230.61	9.65	2 225.39	721.15
11	030411004001	配线	1. 名称:管内穿线 2. 配线形式:照明线路 3. 规格型号:BV-10 mm^2 4. 配线部位:沿墙沿天棚	m	62.7	6.78	425.11	37.62
12	030411004002	配线	1. 名称:管内穿线 2. 配线形式:照明线路 3. 规格型号:BV-6 mm^2 4. 配线部位:沿墙沿天棚	m	54	4.62	249.48	25.38
13	030411004003	配线	1. 名称:电气配线 2. 配线形式:管内照明线 3. 规格型号:BV-4 mm^2 4. 配线部位:沿墙沿地沿天棚	m	340.65	3.65	1 243.37	160.11
14	030411004004	配线	1. 名称:管内穿线 2. 配线形式:照明线路 3. 规格型号:BV-2.5 m^2 4. 配线部位:沿墙沿天棚	m	619.01	2.75	1 702.28	365.22
15	030404034001	照明开关	1. 名称:单联单控开关 2. 规格:250 V,16 A 3. 安装方式:暗装,距地 1.4 m	个	7	15.85	110.95	61.74
16	030404034002	照明开关	1. 名称:双联单控开关 2. 规格:250 V,16 A 3. 安装方式:暗装,距地 1.4 m	个	5	18.34	91.70	44.00
17	030404035001	插座	1. 名称:单相二三极插座 2. 规格:250 V,15 A 3. 安装方式:暗装,距地 0.3 m	个	16	17.46	279.36	208.96
18	030412001001	普通灯具	1. 名称:格栅灯 2. 规格:1 200×600 3. 类型:吸顶安装	套	28	126.00	3 528.00	670.06
19	030412001002	普通灯具	1. 名称:格栅灯 2. 规格:600×600 3. 类型:吸顶安装	套	8	105.80	846.40	102.56

续表 9-20

序号	项目编码	项目名称	项目特征描述	计量单位	工程数量	金额(元)		
						综合单价	合价	其中 定额人工费
20	030412001003	普通灯具	1. 名称:延时吸顶灯 2. 规格:220 V,30 W 3. 类型:吸顶安装	套	7	87.03	609.21	125.64
21	030412001004	普通灯具	1. 名称:天棚灯 2. 规格:220 V,30 W 3. 类型:吸顶安装	套	4	56.73	226.92	102.56
22	030412001005	普通灯具	1. 名称:自带电源应急照明灯 2. 规格:220 V 3. 类型:壁装 2.4 m	套	3	211.23	633.69	160.20
23	030411006001	接线盒	1. 名称:开关、插座盒 2. 材质:塑料 3. 安装形式:暗装	个	28	6.44	180.32	148.96
24	030411006002	接线盒	1. 名称:接线盒 2. 材质:塑料 3. 安装形式:暗装	个	63	6.84	430.92	271.72
			小 计				21 935.57	4 564.39
			二、给排水工程部分					
25	031001006001	塑料管	1. 安装部位:室内 2. 介质:冷水 3. 规格:PPR DN32 4. 连接方式:热熔	m	5.43	27.48	141.67	62.76
26	031001006002	塑料管	1. 安装部位:室内 2. 介质:冷水 3. 规格:PPR DN20 4. 连接方式:热熔	m	34.1	21.23	682.00	348.16
27	031001006003	塑料管	1. 安装部位:室内 2. 介质:冷水 3. 规格:PPR DN15 4. 连接方式:热熔	m	3.66	22.50	77.85	37.36
28	031001006004	塑料管	1. 安装部位:室内 2. 介质:冷水 3. 规格:UPVC100 4. 连接方式:承插	m	11.72	46.44	526.58	193.61

续表 9-20

序号	项目编码	项目名称	项目特征描述	计量单位	工程数量	金额（元）		
						综合单价	合价	其中 定额人工费
29	031001006005	塑料管	1. 安装部位：室内 2. 介质：冷水 3. 规格：UPVC75 4. 连接方式：承插	m	16.08	37.29	576.15	237.34
30	031001006006	塑料管	1. 安装部位：室内 2. 介质：冷水 3. 规格：UPVC50 4. 连接方式：承插	m	8.92	27.09	232.01	96.88
31	031004006001	大便器	1. 材质：陶瓷 2. 组装方式：连体坐式 3. 附件名称及数量：自闭式冲洗阀 1 个	组	8	409.87	3 234.00	402.32
32	031004007001	小便器	1. 材质：陶瓷 2. 组装方式：挂式 3. 附件名称及数量：自闭式冲洗	组	6	228.72	1 363.02	149.34
33	031004003001	洗脸盆	1. 材质：陶瓷洗手盆 2. 规格、类型：单冷水 3. 组装方式：台式 4. 附件名称及数量：螺纹阀门 1，DN15 水嘴 1 个	组	4	575.62	2 307.28	139.84
34	031003013001	水表	1. 安装部位：入户管上 2. 型号规格：DN32 3. 连接方式：螺纹连接 4. 附件配置：螺纹阀门 DN32，1 个	个	1	98.59	93.88	39.59
35	031004014001	地漏	1. 材质：塑料地漏 2. 型号规格：DN50 地漏	个	4	39.47	153.36	47.40
			小　计				9551.28	1 754.60
			三、弱电工程部分					
36	030501012001	网络交换机	1. 名称：网络交换机 2. 层数：固定式 24 口	台	1	1 206.51	1 206.51	98.84
37	030505001001	电视前端箱	1. 名称：电视前端箱	个	1	158.74	158.74	88.95
38	030502003001	电话交接箱	1. 名称：电话交接箱 2. 材质：塑料	个	1	170.30	170.30	106.75

续表 9-20

序号	项目编码	项目名称	项目特征描述	计量单位	工程数量	金额(元)		其中 定额人工费
						综合单价	合价	
39	030502010001	网络配线架	1. 名称：网络配线架 2. 规格：24 口非屏蔽	个	2	260.43	520.86	237.22
40	030502003002	电视分线箱	1. 名称：电视分线箱 2. 材质：全铁质 3. 规格：140×220×110	个	2	155.15	310.29	213.50
41	030502003003	电话接线盒	1. 名称：电话接线盒 2. 材质：全铁质 3. 规格：6p4c	个	2	131.92	263.83	213.50
42	030502004001	电话插座	1. 名称：电话插座 2. 安装方式：户内 3. 底盒材质：塑料	个	7	14.67	102.66	34.72
43	030502004002	电视插座	1. 名称：电视插座 2. 安装方式：暗装 3. 规格：一位	个	6	17.74	106.41	34.14
44	030502012001	网络信息插座	1. 名称：网络信息插座 2. 类别：单口非屏蔽 3. 规格：八位式模块	个	8	15.16	121.28	13.28
45	030505014001	接线盒	1. 名称：接线盒 2. 材质：塑料 3. 规格：86h	个	21	12.92	271.28	166.11
46	030411001001	配管 SC40	1. 名称：电线管 2. 材质：焊接钢管 3. 规格：DN40 4. 配置方式：砖混暗敷	m	24.6	17.46	429.59	159.65
47	030411001002	配管 PVC20	1. 名称：电线管 2. 材质：塑料管 3. 规格：DN20 4. 配置方式：砖混暗敷	m	265.2	5.43	1 441.04	753.17
48	030502006001	HYV-20 (2×0.5)	1. 名称：大对数非屏电缆 2. 规格：2 芯截面为 0.5 mm^2 的电缆 3. 线缆对数：20 4. 敷设方式：管内放穿	m	12.6	7.04	88.70	7.43
49	030502007001	6芯单模光纤	1. 名称：单模光纤 2. 规格：6芯管内穿放光纤	m	12.6	13.24	166.84	10.58

续表 9-20

序号	项目编码	项目名称	项目特征描述	计量单位	工程数量	金额(元) 综合单价	合价	其中 定额人工费
50	030505005001	SYV-79-9	1. 名称:射频同轴电缆 2. 规格:SYV-79-9 3. 敷设方式:管内穿放	m	12.6	3.30	41.61	8.06
51	030502006002	HYV-10 (2×0.5)	1. 名称:大对数非屏电缆 2. 规格:2芯截面为0.5 mm²的电缆 3. 线缆对数:10 4. 敷设方式:管内放穿	m	12.2	4.45	54.34	7.20
52	030505005002	SYV-79-7	1. 名称:射频同轴电缆 2. 规格:SYV-79-7 3. 敷设方式:管内穿放	m	12.2	2.92	35.61	7.09
53	030502005001	超六类线	1. 名称:超六类线 2. 线缆对数:1 3. 敷设方式:管内暗敷	m	12.2	9.44	115.21	3.54
54	030502006003	HYV- (2×0.5)	1. 名称:大对数非屏电缆 2. 规格:2芯截面为0.5 mm²的电缆 3. 线缆对数:1 4. 敷设方式:管内放穿	m	146.10	1.31	191.83	86.20
55	030505005003	SYV-75-5	1. 名称:射频同轴电缆 2. 规格:SYV-75-5 3. 敷设方式:管内穿放	m	118.80	1.91	226.78	76.03
56	030502005002	超五类线	1. 名称:超五类线 2. 线缆对数:1 3. 敷设方式:管内暗敷	m	158.70	4.51	716.48	46.02
		合 计					6 740.19	2 371.98
			四、空调风系统					
57	030702001001	碳钢通风管道 200×200	1. 名称:镀锌薄钢板风管 2. 规格:200×200 3. 形状:矩形 4. 板材厚度:0.75 5. 接口形式:法兰	m²	4.46	65.22	290.88	72.72
58	030702001002	碳钢通风管道 300×200	1. 名称:镀锌薄钢板风管 2. 规格:300×200 3. 形状:矩形 4. 板材厚度:0.75 5. 接口形式:法兰	m²	3.26	65.22	212.62	72.72

续表 9-20

序号	项目编码	项目名称	项目特征描述	计量单位	工程数量	金额(元)		其中 定额人工费
						综合单价	合价	
59	030702001003	碳钢通风管道 600×200	1. 名称:镀锌薄钢板风管 2. 规格:600×200 3. 形状:矩形 4. 板材厚度:0.75 5. 接口形式:法兰	m²	38.39	65.22	2 503.80	625.95
60	030702001004	碳钢通风管道 800×200	1. 名称:镀锌薄钢板风管 2. 规格:800×200 3. 形状:矩形 4. 板材厚度:0.75 5. 接口形式:法兰	m²	4.7	86.2	405.14	101.29
61	030702001005	碳钢通风管道 1 000×200	1. 名称:镀锌薄钢板风管 2. 规格:1 000×200 3. 形状:矩形 4. 板材厚度:0.75 5. 接口形式:法兰	m²	31.21	86.20	2 690.30	672.58
62	030108003001	轴流通风机	质量:0.3 t 以内	台	2	366.43	732.86	183.22
63	030404033001	排气扇	质量:0.2 t 以内	台	4	183.00	732.00	183.00
64	030701004001	风机盘管 204	1. 名称:卧式风机盘管 204 2. 安装形式:明装	台	6	3 650.41	21 902.46	5 475.62
65	030701004002	风机盘管 85	1. 名称:卧式风机盘管 85 2. 安装形式:明装	台	1	2 980.33	2 980.33	745.08
66	030703007001	散流器 600×600	1. 名称:方形散流器600×600 2. 规格:600×600	个	19	87.69	1 666.11	416.53
67	030703007003	百叶风口 600×200	1. 名称:防水百叶风口 2. 规格:600×200	个	2	120.60	241.20	60.30
68	030703007004	百叶风口 300×200	1. 名称:防水百叶 2. 规格:300×200	个	2	68.49	136.98	34.25
	合 计						37 374.92	9 343.73

续表 9-21

序号	项目编码	项目名称	项目特征描述	计量单位	工程数量	金额(元) 综合单价	合价	其中 定额人工费
			空调水系统					
69	031001001001	镀锌钢管 DN20	1. 安装部位:室内 2. 介质:空调水 3. 连接形式:螺纹连接 4. 规格、压力等级 DN20:15 以外 20 以内	m	28.53	17.42	496.99	124.25
70	031001001002	镀锌钢管 DN25	1. 安装部位:室内 2. 介质:空调水 3. 连接形式:螺纹连接 4. 规格、压力等级 DN25:20 以外 25 以内	m	21.66	20.55	445.11	111.28
71	031001001003	镀锌钢管 DN32	1. 安装部位:室内 2. 介质:空调水 3. 连接形式:螺纹连接 4. 规格、压力等级 DN32:25 以外 32 以内	m	17.58	25.34	445.48	111.37
72	031001001003	塑料管 DN32	1. 安装部位:室内 2. 介质:空调水 3. 连接形式:承插粘接 4. 规格、压力等级 DN32:25 以外 32 以内	m	41.74	7.88	328.91	82.23
73	031001001004	镀锌钢管 DN50	1. 安装部位:室内 2. 介质:空调水 3. 连接形式:螺纹连接 4. 规格、压力等级:DN50:40 以外 50 以内	m	18.66	34.66	646.76	161.69
74	031003001001	螺纹阀门	1. 材质:铜 2. 规格、压力等级:DN50,40 以外 50 以内	个	4.00	143.21	572.84	143.21
	合 计						3 334.31	833.58

表 9-21 主要材料信息单价分析表

序号	名称	型号规格（mm）	单位	市场价（含税价格/元）	信息单价（不含税/元）	数量
1	照明配电箱 AL-1	800×600×200	台	994.50	850.00	1
2	照明配电箱 AL-2	400×200×120	台	526.50	450.00	1
3	照明配电箱 AL-3	400×200×120	台	819.00	700.00	1
4	电缆保护管	DN50	m	24.57	21.00	28
5	电力电缆	YJV-3×10	m	32.76	28.00	34.00
6	铜芯户内热缩式电力电缆终端头	YJV-3×10	个	35.10	30.00	2
7	钢管	DN32	m	19.89	17.00	34.9
8	钢管	DN25	m	17.55	15.00	110.95
9	刚性阻燃管	DN20	m	1.64	1.40	230.61
10	铜芯绝缘导线	BV-10	m	6.44	5.50	62.7
11	铜芯绝缘导线	BV-6	m	4.21	3.60	54
12	铜芯绝缘导线	BV-4	m	2.93	2.50	340.65
13	铜芯绝缘导线	BV-2.5	m	1.76	1.50	619.01
14	单联单控开关	16 A　220 V	套	9.36	8.00	7
15	双联单控开关	16 A　220 V	套	11.70	10.00	5
16	单相五孔插座	15 A　220 V	套	9.36	8.00	16
17	格栅灯	1 200×600	套	117.00	100.00	28
18	格栅灯	600×600	套	93.60	80.00	8
19	延时吸顶灯		套	70.20	60.00	7
20	天棚灯		套	35.10	30.00	4
21	自带电源应急照明灯		套	210.60	180.00	3
22	开关盒	86×86	个	1.99	1.70	28
23	接线盒	86×86	个	1.99	1.70	63
24	网络交换机	A5700S-28P-LI	台	1 170.00	1 000.00	1
25	电视前端箱		个	117.00	100.00	1
26	电话交接箱		个	163.80	140.00	1
27	网络配线架	Commscope 24 口网络配线架	个	257.40	220.00	2
28	电视分线箱		个	140.40	120.00	2

续表 9-21

序号	名　称	型号规格 （mm）	单位	市场价 （含税价格/元）	信息单价 （不含税/元）	数　量
29	电话接线盒		个	93.60	80.00	2
30	电话插座		个	11.70	10.00	7
31	电视插座		个	11.70	10.00	6
32	网络信息插座		个	11.70	10.00	8
33	接线盒		个	1.76	1.50	21
34	钢管 SC	DN40	m	24.57	21.00	36.9
35	塑料配管	配管 PVC20	m	3.74	3.20	265.2
36	HYV-20(2×0.5)		m	7.61	6.50	12.6
37	六芯单模光纤		m	12.87	11.00	12.6
38	SYV-79-9		m	3.28	2.80	12.6
39	HYV-10(2×0.5)		m	4.68	4.00	12.2
40	SYV-79-7		m	2.93	2.50	12.2
41	超六类线		m	9.13	7.80	12.2
42	HYV-(2×0.5)		m	1.29	1.10	146.1
43	SYV-75-5		m	1.76	1.50	118.8
44	超五类线		m	4.80	4.10	158.7
45	室内 PPR 给水管 DN32（热熔连接）	DN32	m	6.79	5.80	5.43
46	塑料给水管件	DN32	个	5.85	5.00	
47	室内 PPR 给水管 DN20（热熔连接）	DN20	m	2.93	2.50	34.1
48	塑料给水管件	DN20	个	3.28	2.80	
49	室内 PPR 给水管 DN15（热熔连接）	DN15	m	2.93	2.50	3.66
50	塑料给水管件	DN15	个	3.28	2.80	
51	室内 UPVC 排水管 DN100（承插连接）	DN100	m	16.38	14.00	11.72
52	室内 UPVC 排水管管件（承插连接）	DN100	个	7.02	6.00	
53	室内 UPVC 排水管 DN75（承插连接）	DN75	m	8.42	7.20	16.08

续表 9-21

序号	名　称	型号规格（mm）	单位	市场价（含税价格/元）	信息单价（不含税/元）	数　量
54	室内 UPVC 排水管管件（承插连接）	DN75	个	7.02	6.00	
55	室内 UPVC 排水管 DN50（承插连接）	DN50	m	5.03	4.30	8.92
56	室内 UPVC 排水管管件（承插连接）	DN50	个	7.02	6.00	
57	坐式大便器		组	351.00	300.00	8
58	挂式小便器		组	175.50	150.00	6
59	陶瓷台式洗手盆		组	526.50	450.00	4
60	钢制地漏	DN50	个	23.40	20.00	4
61	螺翼式水表	DN32	组	35.10	30.00	1
62	螺纹闸阀	DN32	个	11.70	10.00	
63	碳钢通风管道 200×200	200×200	m²	7.72	6.60	4.46
64	碳钢通风管道 300×200	300×200	m²	7.72	6.60	3.26
65	碳钢通风管道 600×200	600×200	m²	7.72	6.60	38.39
66	碳钢通风管道 800×200	800×200	m²	7.72	6.60	4.7
67	碳钢通风管道 1 000×200	1 000×200	m²	7.72	6.60	31.21
68	轴流风机		台	351.00	300.00	2
69	排气扇		台	175.50	150.00	4
70	风机盘管 204	FP-204	台	2 925.00	2 500.00	6
71	风机盘管 85	FP-85	台	2 340.00	2 000.00	1
72	碳钢散流器	600×600	个	81.90	70.00	19
73	防水百叶	600×200	个	105.30	90.00	2
74	防水百叶	300×200	个	58.50	50.00	2
75	镀锌钢管 DN20	DN20	m	17.55	15.00	28.53
76	镀锌钢管 DN25	DN25	m	21.06	18.00	21.66
77	镀锌钢管 DN32	DN32	m	25.74	22.00	17.58
78	冷凝水塑料管	DN32	m	5.27	4.50	41.74
79	镀锌钢管 DN50	DN50	m	38.61	33.00	18.66
80	螺纹阀门		个	140.40	120.00	4

第九章 综合实例

表 9-22 工程量清单综合单价分析表

工程名称：　　　　　标段：　　　　　第 1 页 共 1 页

项目编码	030404017001	项目名称	配电箱			计量单位	台	工程量	1

清单综合单价组成明细

定额编号	定额项目名称	定额单位	数量	单价（元）				合价（元）			
				人工费	材料费	机械费	管理费和利润	人工费	材料费	机械费	管理费和利润
CD0342	配电箱 (800×600×200)	台	1.00	94.93	3.21	3.62	22.67	104.42	2.82	3.36	23.80
人工单价			小　　计					104.42	2.82	3.36	23.80
元/工日			未计价材料费					850.00			
清单项目综合单价								984.85			

材料费明细	主要材料名称、规格、型号	单位	数量	单价（元）	合价（元）	暂估单价（元）	暂估合价（元）
	成套配电箱(800×600×200)	台	1.00	850.00	850.00		
	其他材料费						
	材料费小计				850.00		

注：1. 按照人工费调整文件规定，人工费调整系数为 10%，则有 94.93×(1+10%)=104.42 元。
2. 按照川建发〔2016〕349 号文件的规定，对四川省 2015 定额进行调整，调整系数取值查询表 1-21。
(1)人工费不含进项税额，不做调整；(2)安装定额计价材料费乘以调整系数 88%；(3)施工机具费乘以调整系数 92.5%；(4)综合费乘以调整系数 105%。

续表 9-22 工程量清单综合单价分析表

工程名称：　　　　　标段：　　　　　　　　　　　　　　　　　　　　　　　　第 2 页 共 页

项目编码	030408001001	项目名称	电力电缆线		计量单位	m	工程量	
清单综合单价组成明细								
定额编号	定额项目名称	定额单位	数量	单价（元）				合价（元）
				人工费	材料费	机械费	管理费和利润	人工费	材料费	机械费	管理费和利润
CD0849	电力电缆 YJV-3×10	100 m	0.01	412.80	225.21	7.30	87.99	4.54	1.98	0.07	0.92
人工单价		小　　计						4.54	1.98	0.07	0.92
元/工日		未计价材料费						28.56			
清单项目综合单价								36.07			

材料费明细	主要材料名称、规格、型号	单位	数量	单价（元）	合价（元）	暂估单价（元）	暂估合价（元）
	铜芯电缆 YJV-3×10	m	1.02	28	28.56		
	其他材料费						
	材料费小计				28.56		

续表 9-22

工程量清单综合单价分析表

工程名称：　　　　　　　　　标段：　　　　　　　　　　　　　　　　　　　　　　　　第　页　共　页

项目编码	030411001002	项目名称	配管 DN25		计量单位	m	工程量	63.6
清单综合单价组成明细								
定额编号	定额项目名称	定额单位	数量	单价(元)				合价(元)			
				人工费	材料费	机械费	管理费和利润	人工费	材料费	机械费	管理费和利润
CD1478	配管 DN25	100 m	0.01	569.75	173.78	40.16	128.37	6.27	1.53	0.37	1.35
人工单价			小　　计					6.27	1.53	0.37	1.35
元/工日			未计价材料费					15.45			
清单项目综合单价								24.97			
材料费明细	主要材料名称、规格、型号				单位	数量	单价(元)	合价(元)	暂估单价(元)	暂估合价(元)	
	钢管 DN25				m	1.03	15	15.45		
	其他材料费										
	材料费小计							15.45			

215

表 9-23　总价措施项目清单与计价表

工程名称：某综合用房水电安装工程　　　　　　　　　　　　　　　　第1页　共1页

序号	项目编码	项目名称	计算基础	费率(%)	金额(元)	调整费率(%)	调整后金额(元)	备注
1	031302001001	安全文明施工费	分部分项清单项目定额人工费	6.9	1 177.69	6.0	1 132.08	现场评价打分,费率调整
2	031302002001	夜间施工增加费	分部分项清单项目定额人工费	0.78	133.13	0.78	147.17	
3	031302004001	二次搬运费	分部分项清单项目定额人工费	0.38	64.86	0.38	71.70	
4	031302005001	冬雨季施工增加费	分部分项清单项目定额人工费	0.58	99.00	0.58	109.44	
5	031301017001	脚手架使用费(给排水系统)	分部分项清单项目定额人工费	5	118.6	5	87.73	
6	031301017002	脚手架使用费(弱电工程)	分部分项清单项目定额人工费	4	68.56	4	467.19	
7	031301017003	脚手架搭拆(通风工程)	分部分项清单项目定额人工费	5	467.19	5	467.19	
8	031301017004	脚手架搭拆(空调水系统工程)	分部分项清单项目定额人工费	5	41.68	5	41.68	
9	031301018001	系统调整费(通风工程)	分部分项清单项目定额人工费	11	1 027.81	11	1 027.81	
		合计			3 198.52		3 551.99	

编制人(造价人员)：×××　　　　　　　　　　　　　　复核人(造价工程师)：×××

表 9-24　其他项目清单与计价汇总表

工程名称：某综合用房水电安装工程　　　　　　　　　　　　　　　　第1页　共1页

序号	项目名称	金额(元)	结算金额(元)	备注
1	专业工程结算价	—	—	
2	计日工	1 078	878	
3	总承包服务费			
4	索赔与现场签证	—	2 200	
	合计	1 078	3 078	

表 9-24-1　材料(工程设备)暂估单价及调整表

工程名称:某综合用房水电安装工程　　　　　　　　　　　　　　　　　第1页　共1页

序号	材料(工程设备)名称、规格、型号	计量单位	数量		暂估(元)		确认(元)		差额±(元)		备注
			暂估	确认	单价	合价	单价	合价	单价	合价	
1	配电箱 (800×600×200)	个	1	1	1 000	1 000	850	850	150	150	用于低压开关柜安装项目
2	配电箱 (400×200×120)	个	1	1	400	400	450	450	−50	−50	
3	配电箱 (400×200×120)	个	1	1	600	600	700	700	−100	−100	
4	电力电缆 YJV-4×10	m	28.09	34	26	730.34	28	952	−2	−68	
5	铜芯户内热缩式电缆终端头	个	2	2	30	60	30	60	0	0	
	……										
	合计					2 790.34		3 012		−68	

表 9-24-2　计日工表

工程名称:某综合用房水电安装工程　　　　　　　　　　　　　　　　　第1页　共1页

编号	项目名称	单位	暂定数量	实际数量	综合单价(元)	合价(元)	
						暂定	实际
一	人　工						
1	高级技术用工	工日	10	7	60	600	420
2	普通用工	工日	5	5	40	200	200
	人　工　小　计					800	620
二	材　料						
1	电焊条	kg	3	2	20	60	40
2	型材	kg	5	5	3.60	18	18
	材　料　小　计					78	58
三	施工机械						
	施　工　机　械　小　计					0	0
	四、企业管理费和利润					200	200
	总　　　　计					1 078	878

表 9-24-3　索赔与现场签证计价汇总表

工程名称：某综合用房水电安装工程　　　　　　　　　　　　　　　　　　　　第1页　共1页

序号	签证及索赔项目名称	计量单位	数量	单价(元)	合价(元)	索赔及签证依据
1	暂停施工				1 500.00	001
2	凿槽刨沟费用				400.00	002
3	箱体安装二次喷漆(喷字)				300.00	003
—	本页小计	—		—	2 200.00	—
—	合计				2 200.00	—

表 9-24-4　费用索赔申请(核准)表

工程名称：某综合用房水电安装工程　　　　　　　　　　　　　　　　　　　　编号：001

致：某综合用房建设办公室

根据施工合同条款第 10 条的约定，由于<u>你方工作需要</u>的原因，我方要求索赔金额(大写)<u>壹仟伍佰元整</u>(小写<u>1 500.00</u>)，请予核准。

附：1. 费用索赔的详细理由和依据：根据发包人"关于暂停施工的通知"(详见附件1)。
2. 索赔金额的计算：详见附件2。
3. 证明材料：监理工程师确认的现场工人、机械、周转材料数量及租赁合同(略)。

　　　　　　　　　　　　　　　　　　　　　　　　　　　　　　　承包人(章)　　(略)

　　造价人员：___×××___　承包人代表：___×××___　日期：___××××年×月×日___

复核意见： 根据施工合同条款第 10 条的约定，你方提出的费用索赔申请经复核： □ 不同意此项索赔，具体意见见附件。 ☑ 同意此项索赔，索赔金额的计算，由造价工程师复核。 　　　　监理工程师：___×××___ 　　　　日　　期：___××××年×月×日___	复核意见： 根据施工合同条款第 10 条的约定，你方提出的费用索赔申请经复核，索赔金额为(大写)壹仟伍佰元整(小写<u>1 500.00</u>)。 　　　　造价工程师：___×××___ 　　　　日　　期：___××××年×月×日___

审核意见：

□ 不同意此项索赔。
☑ 同意此项索赔，与本期进度款同期支付。

　　　　　　　　　　　　　　　　　　　　　　　　　　　　　　　发包人(章)　　(略)
　　　　　　　　　　　　　　　　　　　　　　　　　　　　发包人代表：___×××___
　　　　　　　　　　　　　　　　　　　　　　　　　　　　日　　期：___××××年×月×日___

第九章 综合实例

表 9-24-5　现场签证表

工程名称:某综合用房水电安装工程　　　　　　　　　　　　　　编号:002

施工部位	线路修改指定位置	日期	××××年×月×日

致:某综合用房建设办公室

根据×××(指令人姓名)××××年×月×日的口头指令或你方×××(或监理人)××××年×月×日的书面通知,我方要求完成线路修改工作应支付价款金额为(大写)<u>肆佰元整</u>(小写<u>400.00</u>),请予核准。

附:1.签证事由及原因:根据现场施工的需要,修改原管线设计路径,增加凿槽刨沟费用。
　　2.附图及计算式:(略)。

承包人(章)　　(略)

造价人员:　×××　　承包人代表:　×××　　日期:　××××年×月×日

复核意见: 你方提出的此项签证申请经复核: □不同意此项签证,具体意见见附件。 ☑同意此项签证,签证金额的计算,由造价工程师复核。 　　　　　监理工程师:　××× 　　　　　日　　期:　××××年×月×日	复核意见: ☑此项签证按承包人中标的计日工单价计算,金额为(大写)<u>肆佰元整</u>(小写<u>400.00</u>)。 □此项签证因无计日工单价,金额为(大写) 　,(小写)　。 　　　　　造价工程师:　××× 　　　　　日　　期:　××××年×月×日

审核意见:

□不同意此项签证。
☑同意此项签证,价款与本期进度款同期支付。

发包人(章)　　(略)
发包人代表:　×××
日　　期:　××××年×月×日

表 9-24-6　现场签证表

工程名称：某综合用房水电安装工程　　　　　　　　　　　　　　　　编号：003

施工部位	配电箱	日期	××××年×月×日

致：某综合用房建设办公室

根据×××（指令人姓名）××××年×月×日的口头指令或你方×××（或监理人）××××年×月×日的书面通知，我方要求完成配电箱二次喷漆工作应支付价款金额为（大写）叁佰元整（小写300.00），请予核准。

附：签证事由及原因：根据现场施工的需要，增加配电箱外部二次喷漆费用。

　　　　　　　　　　　　　　　　　　　　　　　　　　　承包人（章）　　（略）
造价人员：＿×××＿　承包人代表：＿×××＿　日期：＿××××年×月×日＿

复核意见： 你方提出的此项签证申请经复核： □不同意此项签证，具体意见见附件。 ☑同意此项签证，签证金额的计算，由造价工程师复核。 　　　　　　监理工程师：＿×××＿ 　　　　　　日　　期：＿××××年×月×日＿	复核意见： ☑此项签证按承包人中标的计日工单价计算，金额为（大写）叁佰元整（小写300.00）。 □此项签证因无计日工单价，金额为（大写），（小写）。 　　　　　　造价工程师：＿×××＿ 　　　　　　日　　期：＿××××年×月×日＿

审核意见：

□不同意此项签证。
☑同意此项签证，价款与本期进度款同期支付。

　　　　　　　　　　　　　　　　　　　　　　　　　　　发包人（章）　　（略）
　　　　　　　　　　　　　　　　　　　　　　　　　　　发包人代表：＿×××＿
　　　　　　　　　　　　　　　　　　　　　　　　　　　日　　期：＿××××年×月×日＿

表 9-25　规费项目计价表

工程名称：某综合用房水电安装工程　　　　　　　　　　　　　第1页　共1页

序号	项目名称	计算基础	计算费率(%)	金额(元)
1	规费	1.1+1.2+1.3		3 773.64
1.1	社会保险费	(1)+(2)+(3)+(4)+(5)		2 207.58
(1)	养老保险费	分部分项清单项目定额人工费	7.5	1 415.12
(2)	失业保险费	分部分项清单项目定额人工费	0.6	113.21
(3)	医疗保险费	分部分项清单项目定额人工费	2.7	509.44
(4)	工伤保险费	分部分项清单项目定额人工费	0.7	132.08
(5)	生育保险费	分部分项清单项目定额人工费	0.2	37.74
1.2	住房公积金	分部分项清单项目定额人工费	3.3	622.65
1.3	工程排污费	按工程所在地环境保护部门收取标准，按实计入	5	943.41

编制人(造价人员)：×××　　　　　　　　　复核人(造价工程师)：×××

参考文献

1. 袁建新,袁媛. 工程造价概论[M]. 3版. 北京:中国建筑工业出版社,2016
2. 谭大璐. 工程估价[M]. 4版. 北京:中国建筑工业出版社,2014
3. 四川省建设工程造价管理总站. 四川省建设工程工程量清单计价定额(通用安装工程)[M]. 北京:中国计划出版社,2015
4. 中华人民共和国住房和城乡建设部. 通用安装工程工程量计算规范(GB 50856—2013)[S]. 北京:中国计划出版社,2013
5. 中华人民共和国住房和城乡建设部. 建设工程工程量清单计价规范(GB 50500—2013)[S]. 北京:中国计划出版社,2013
6. 许明丽. 安装工程预算[M]. 哈尔滨:哈尔滨工业大学出版社,2013
7. 全国造价工程师执业资格考试培训教材编审委员会. 建设工程技术与计量(安装工程)[M]. 北京:中国计划出版社,2013
8. 建筑安装工程费用项目组成(建标〔2013〕44号)
9. 《关于做好建筑业营改增建设工程计价依据调整准备工作的通知》住房城乡建设部(建办标函〔2016〕4号)
10. 住房城乡建设部标准定额研究所《关于印发研究落实"营改增"具体措施研讨会会议纪要的通知》(建标造〔2016〕49号)
11. 建筑业营业税改征增值税——四川省建设工程计价依据调整办法. 2016-4-22
12. 中华人民共和国住房和城乡建设部. 建筑电气制图标准(GB/T 50786—2012)[S]. 北京:中国建筑工业出版社,2012
13. 管锡珺,夏宪成. 安装工程计量与计价[M]. 北京:中国电力出版社,2009